助力乡村振兴 养殖致富丛书
ZHULI XIANGCUN ZHENXING YANGZHI ZHIFU CONGSHU

科学养牛
与疾病防治

KEXUE YANGNIU
YU JIBING FANGZHI

李莎莎 程磊 编著

内蒙古人民出版社

图书在版编目（CIP）数据

科学养牛与疾病防治 / 李莎莎，程磊编著 . -- 呼和浩特：内蒙古人民出版社，2022.12
（助力乡村振兴　养殖致富丛书）
ISBN 978-7-204-17300-6

Ⅰ. ①科… Ⅱ. ①李… ②程… Ⅲ. ①养牛学②牛病—防治 Ⅳ. ① S823 ② S858.23

中国版本图书馆 CIP 数据核字 (2022) 第 250884 号

助力乡村振兴　养殖致富丛书

科学养牛与疾病防治

作　　者	李莎莎　程　磊
责任编辑	郝　乐
封面设计	刘那日苏
出版发行	内蒙古人民出版社
地　　址	呼和浩特市新城区中山东路 8 号波士名人国际 B 座 5 楼
印　　刷	内蒙古爱信达教育印务有限责任公司
开　　本	880mm×1230mm　1/32
印　　张	3.5
字　　数	100 千
版　　次	2022 年 12 月第 1 版
印　　次	2022 年 12 月第 1 次印刷
印　　数	1—3000 册
书　　号	ISBN 978-7-204-17300-6
定　　价	18.00 元

图书营销部联系电话：（0471）3946298　3946267
如发现印装质量问题，请与我社联系。联系电话：（0471）3946120

前　言

我国是农业大国,党的十八大以来,经过八年齐心协力的脱贫攻坚,让全国几千万农民摆脱了贫困,生活水平全方位改善。实现社会主义农业现代化的出路在于科技与教育,鉴于此,我们精心推出"助力乡村振兴,养殖致富丛书",旨在普及推广现代养殖业的科技知识,为农民致富、为农村经济发展尽我们的绵薄之力。

"助力乡村振兴,养殖致富丛书"是一套指导养殖人员科学、高效生产的专业图书,共包含《科学养猪与疾病防治》《科学养牛与疾病防治》《科学养羊与疾病防治》《科学养鸡与疾病防治》《科学养鱼与疾病防治》《科学养鸽与疾病防治》六个分册。本套丛书采用图文结合的方式,以通俗易懂的语言,全面、系统地介绍了养殖技术与疾病防治知识,力求使读者一读就懂、一看就会。

本丛书编写工作得到了有关农业研究单位、农业院校的诸多农学专家的大力支持。这些年轻有为的农学专家都是有着丰富理论和实践经验的专业人员,在编写中注重知识的实用性与准确性,突出技术的科学性与可操作性,并选用行业发展的最前沿信息,以期切实指导农民增产增收,为他们走上致富之路提供助力。

丛书编委会

主　编　赵　源
副主编　乔蓬蕾　元　秀
编　委　赵　源　乔蓬蕾　李莎莎　徐凤敏
　　　　　张艳云　崔　斌　邓　颖　程　磊

目　录

第一章　牛场的建设 ………………………………………… 1
　一、场地选择 ……………………………………………… 1
　二、场地布局 ……………………………………………… 3
　三、牛舍的建设 …………………………………………… 5

第二章　牛的营养需要与饲料 ……………………………… 9
　一、牛的营养需要 ………………………………………… 9
　二、牛常用饲料的种类及特性 …………………………… 16

第三章　牛的饲养管理 ……………………………………… 26
　一、犊牛和青年牛的饲养管理 …………………………… 26
　二、奶用母牛的饲养管理 ………………………………… 40
　三、肉牛的饲养管理 ……………………………………… 50
　四、种公牛的饲养管理 …………………………………… 60

第四章 常见牛病的防治 …… 64

一、牛常用的疫苗 …… 64

二、牛的常见疾病 …… 66

第一章 牛场的建设

一、场地选择

牛场场址的选择要有周密的考虑，通盘的安排和比较长远的规划，以适应现代化养牛的需要。所选场址要有发展的余地。

（一）地势

牛场要修建在地势高燥、背风向阳、空气流通、地下水位低、便于排水，并具有缓坡的开阔、平坦的地方。地下水位要低于 2 米，最高水位要在青贮坑（窖）底部 0.5 米以下。总的坡度应向南倾斜，山区或丘陵地区应把牛场建在山坡南面或东南面。

（二）地形

开阔整齐，理想的是正方形或长方形，尽量避免狭长形或多边角。

（三）水源

牛场场址的水量应充足，水质良好，以保证生活、生产及牛群等的正常用水。通常以井水、泉水等地下水为好，而溪、河、湖、塘等水应尽可能经净化处理后再用。

（四）土质

牛场用地土质要坚实，透水透气性要好。被有机物、病原菌、寄生虫及其他有害物质污染的土壤，对牛的健康、生产有负面影响。较理想的是沙壤土。

（五）社会环境

四周幽静，无污染源影响牛场。供电、饲料供应等方便，同时牛场不对居民区造成污染。

图1-1　牛场

（六）交通

场址应距饲料地或放牧地较近，交通便利，供电方便且有保证。但应适当远离公路、铁路、牲畜市场、屠宰场及居民区。要求距交通道路不少于100米，距交通干线不少于200米。

牛场附近不应有超过90分贝噪声的工矿企业，不应有肉联、皮革、造纸、农药、化工等有毒、有污染危险的工厂，应离交通要道和居民区100米以上。最好能有一定面积的饲料地，以解决青贮所需。我国幅员辽阔，南北气温相差较大，应减少气象因素的影响，如在北方不要将牛场建于西北风口处。牛场的大小可根据每头牛所需面积（10~15平方米），结合长远规划来计算，牛舍及房舍的面积一般占场地总面积的15%~20%。

二、场地布局

（一）牛场的布局规模

规模大小的确定应考虑以下几个方面。

1. 自然资源　工厂化养牛场的大小首先要考虑自然条件。

2. 资金情况　养牛生产所需资金较多，资金周转期长。工厂化养牛场的布局规模要根据资金状况量力而行。

3. 经营管理水平　社会经济条件、社会化服务程度、价格体系以及价格政策等，对饲养规模有一定的制约作用。在确定饲养规模时，应予以考虑。

4. 场地面积　工厂化养牛场的布局场地可根据每头牛所需面积结合长远规划计算出来。

（二）牛厂区规划

1. 生产区　包括生产区和生产辅助区。生产区应设在场区地势较低的位置，要能控制场外人员和车辆，使之不能直接进入生产区，要保证生产安全、无外界干扰。生产区牛舍要合理布局，分阶段分群饲养，按牛舍、产房、犊牛舍、育成前期牛舍、育成后期牛舍顺序排列，各牛舍之间要保持适当距离，布局整齐，以便防疫和防火。但也要适当集中，节约水电线路管道，缩短饲草饲料及粪便的运输距离，便于科学管理。粗饲料库设在生产区下风口地势较高处，与其他建筑物保持60米防火距离，兼顾由场外运入，再运到牛舍两个环节。

生产辅助区包括饲料库、饲料加工车间、青贮池、机械车辆库、采精授精室、液氮生产车间、干草棚等。饲料库、干草棚、加工车间和青贮池离牛舍要近一些，位置适中一些，便于车辆运送草料，减小劳动强度。

但必须防止污水渗入牛舍或运动场而污染草料,所以,一般都应建在地势较高的地方。

图1-2 牛厂区

生产区和辅助生产区要用围栏或围墙与外界隔离。大门口设立门卫传达室、消毒室、更衣室和车辆消毒池,严禁非生产人员出入场内,出入人员和车辆必须经消毒室或车辆消毒池进行消毒。

2.生活区 指职工文化住宅区。应建在牛场上风头和地势较高地段,并与生产区保持10米以上的距离,以保证生活区良好的卫生环境。

3.管理区 包括办公室、财务室、接待室、档案资料室、活动室和实验室等。管理区要和生产区分开,保证50米以上的距离。

4.病牛隔离治疗区 包括兽医诊疗室、病牛隔离舍。应设在下风头,地势较低处,与生产区距离100米以上。病牛区应便于隔离,单独通道,便于消毒。

5.粪尿污水处理区 设在生产区下风地势低处,与生产区保持300米间距,单独通道,便于消毒,便于污物处理等,以防止污水、粪尿废弃物蔓延污染环境。

6. 道路　道路对生产活动的正常进行、卫生防疫及提高工作效率起着重要的作用。场内道路应净污分道，互不交叉，出入口分开。净道是人行和饲料、产品的运输道。污道为运输粪便、病牛和废弃设备的专用道。

7. 绿化牛场　统一规划布局，因地制宜地植树造林、栽花种草是现代化牛场不可缺少的建设项目。

（1）场区林带的规划。应在场界周边种植乔木和灌木混合林带，并栽种刺笆。乔木类的可种植大叶杨、旱柳、钻天杨、榆树及常绿针叶树等；灌木类的可种植河柳、紫穗槐、侧柏等；刺笆类的可种植陈刺等。场区林带可以起到防风阻沙等作用。

（2）场区隔离带的设置主要为分隔场内各区，如在生产区、住宅区及管理区的四周都应设置隔离林带，一般可用杨树、榆树等，其两侧种灌木，以起到隔离作用。

（3）道路宜采用塔柏、冬青等四季常青树种进行绿化，并配置小叶女贞或黄杨形成绿化带。

（4）运动场遮阳林。在运动场的南、东、西三侧，应设1~2行遮阳林。一般可选择枝叶开阔、生长势强、冬季落叶后枝条稀少的树种，如杨树、槐树、法国梧桐等。

三、牛舍的建设

（一）牛舍的主要建筑

1. 犊牛舍　犊牛以牛奶为唯一的食物，哺乳后牛犊依然保持着吮奶的行为，针对这个特点，为防止它吃进污物，6周龄以内的幼犊以用个体牛栏为好，各种牛栏中又以可移动个体牛栏为好。因为可移动牛栏便于清理栏下的污物，使床位保持干燥，牛犊转群后便于消毒和彻底清除垫草和粪便，实施常规卫生防疫措施。在犊牛舍内，幼龄的犊牛栏因牛群

大小而异，幼龄的犊牛可以与较大年龄的牛犊同圈舍，但是每栏一犊最好，栏间要保持一定距离，远近以犊牛间不能互相舔、吮为度，以防止吃入毛和脏东西，避免发生脐带炎。

在气候温和的地方或季节，幼犊圈舍外设栏更有好处，如牛栏地面铺鹅卵石，有利于冲洗，当牛栏移开后冲洗和暴晒鹅卵石是很卫生的措施。一些先进国家正在推广三面封闭、一面朝阳、无底面、有顶罩的犊牛栏，对保持犊牛成活率很有好处。

2. **育成牛舍** 育成牛一般有棚舍即可。由于牛的体重增加，牛饲槽的踏脚处要设硬地面。如果牛群较大，为防止拥挤和互相顶撞，设颈枷可以在饲喂时避免事故发生。有放牧条件的地方，饮水处可设在牛舍以外；全饲的牛要在圈舍内设饮水池，或在运动场上设置饮水槽。

3. **成年母牛舍** 成年母牛舍在我国有规范的设计。一般有头对头位和尾对尾位的牛舍结构。奶牛场的成年母牛舍要配备挤奶器和挤奶厅。挤奶厅应设有通道、出入口、自由门等，主要方便奶牛进出。常见的挤奶厅有坑道鱼骨式、转盘式和管道式。

4. **运动场** 运动场是牛活动和休息的地方，要求平整、干燥、排水良好。运动场应随时修整，避免泥泞，靠近牛舍的一端应较高（坡度为1.5%），其余三面是排水沟。运动场周围设有高1~1.2米的围栏，栏柱间隔1.5米，围栏必须坚固。运动场设的补饲槽和饮水槽周围应铺设2~3米宽坡度向外的水泥地面，使水向外流出。运动场内的凉棚应为南向，棚顶应隔热防雨，每头牛占用面积不少于5平方米。

5. **消毒池** 设在场门口，应坚实，能承受出入车辆的重量，长宽以常出入车辆的车轮间距和车轮周长而定，一般长不少于4米，宽3米，深0.1米。消毒药液应维持经常有效。（在场门两侧应设紫外线消毒走道。）

第一章　牛场的建设

（二）牛舍的主要结构

1. 基础　牛舍应有足够强度和稳定性，防止下沉和不均匀下陷使建筑物发生裂缝和倾斜。

2. 墙壁　维持舍内温度及卫生，要求坚固、结实、抗震、防水、防火，具有良好的保温、隔热性能，便于清洗和消毒，多采用砖墙。

图 1-3　牛舍的主要结构

3. 屋顶　主要作用是防雨水、风沙侵入，隔绝太阳辐射。要求质轻、坚固耐用、防水、防火、隔热保温，能抵抗雨雪、强风等外力因素的影响。屋顶常见的形式有以下几种：（1）单坡式，只有一个坡向，跨度小，有利于采光，适于单列牛舍；（2）双坡式，有两个坡向，跨度大，保温性能好，适于双列式牛舍；（3）联合式，与单坡式相似，只后墙上部屋顶多一短檐，起防雨、保温、挡风的作用；（4）钟楼式或半钟楼式，在双坡式屋顶上开单侧或双侧天窗，以利于通风和采光。

4. 地面　要求致密坚实，不硬不滑，温暖有弹性，易清洗消毒。大多数采用水泥，其优点是坚实，易清洗消毒，导热性强，夏季有利于散热；缺点是缺乏弹性，冬季保温性差，对牛的乳房和肢蹄不利。

5. 门　成年牛牛舍门宽 1.8~2 米，门高 2~2.2 米；犊牛牛舍门宽 1.4~1.6 米，门高 2~2.2 米。

6. 窗　窗户的设置应符合通风透光的要求。窗户面积与牛舍内地面面积之比成年牛牛舍为 1∶12，小牛牛舍为 1∶（10~14）。一般窗户宽 1.5~2 米，高 2.2~2.4 米，窗台距地面 1.2 米。

（三）工厂化养牛的常用设备

1. 吸铁器 由于牛的采食行为是大口吞咽，若草中混杂有细铁丝、铁钉等杂物时牛容易误食，一旦吞入，无法排出，积累在瘤胃内对牛的健康易造成伤害。吸铁器分为两种：一种用于体外，即在草料传送带上方或草料上方安装磁力吸铁装置，清除草料中混杂的细小铁器；另一种用于体内，称为磁棒吸铁器。该设备由磁铁短棒、细尼龙绳、开口器、推进杆及指南针组成，使用时将磁铁短棒放入病牛口腔近咽喉部，灌水促使牛吞咽入瘤胃，经过一定的时间后慢慢取出，随着瘤胃的蠕动，瘤胃内混杂的细小铁器吸附在磁铁棒上一并带出。经诊断怀疑腹内有异物的牛均可利用此设备治疗。

2. 耳号牌 耳号牌是科学管理中必不可少的，除挂在耳壳上的号牌以外，也有挂在脖子上或笼头上的木牌、小铝牌，都起同样的作用，各地可就地取材。工厂生产的牛耳号牌是一项应用近代科学技术的成果，用特殊塑料制成，配有专用油笔、专用耳号钳，将耳号牌与垫片牢固地连接在耳壳上。塑料材料与油笔中的油墨能耐受阳光照射和风雨侵蚀，因此耳号牌不变脆、不褪色、不脱落。一般在奶牛场中使用较多，少数大型肉牛场也使用。

第二章 牛的营养需要与饲料

一、牛的营养需要

(一) 干物质采食量

1. 奶牛干物质采食量　奶牛干物质采食量受体重、标准乳产量及日粮精粗料比例、气候等因素的影响。按照我国奶牛饲养标准(2001年)，不同精料比例的干物质采食量计算方法如下。

图2-1　奶牛干物质饲料

偏精料型日粮(精粗比约为60∶40)为：

干物质采食量(千克) = $0.062W^{0.75} + 0.40Y$

偏粗料型日粮(精粗比约为45∶55)为：

干物质采食量（千克）＝ $0.062W^{0.75} + 0.45Y$

式中：W——奶牛体重（千克）；

Y——4%标准乳重量（千克）。

生产实践中，还可用以下简易公式估算：

干物质采食量（千克/天）＝ $1.8W + 0.3Y$

生长母牛的干物质参考给量（千克）＝奶牛能量单位 × 0.45

2. 肉牛干物质采食量　肉牛干物质采食量受体重、增重、饲料能量浓度、日粮类型、饲料加工、饲养方式和气候等因素的影响。根据国内饲养试验结果，参考计算公式如下。

生长肥育牛：

干物质采食量（千克）＝ $0.062W^{0.75} + (10529 + 0.00371 \times W) \times \Delta W$

妊娠后期母牛：

干物质采食量（千克）＝ $0.062W^{0.75} + (0.790 + 0.005587 \times 妊娠天数)$

式中：W——牛体重（千克）；

ΔW——牛日增重（千克）。

（二）能量

1. 能量体系　我国牛的能量需要和饲料的能量价值采用净能体系。奶牛的产奶、维持、生长、妊娠所需的能量统一用产奶净能表示（饲料能量转化为牛奶的能量）。为了在生产实践中应用方便，奶牛饲养标准中采用了"奶牛能量单位"，相当于1千克含脂率4%的标准乳能量，即用3.138兆焦产奶净能作为一个"奶牛能量单位"。肉牛将维持和增重净能相加合并为综合净能，并用"肉牛能量单位"表示能量价值。用1千克中等玉米所含的综合净能值8.08兆焦作为一个"肉牛能量单位"。

2. 奶牛能量需要　根据奶牛的生产特点，分为成年牛维持需要、产

奶需要、妊娠需要和生长牛生长需要。

（1）舍饲成年母牛维持需要　成年母牛的维持产奶净能需要可按 $356W^{0.75}$ 计算。由于第一和第二泌乳期奶牛生长发育尚未停止，故应在维持需要的基础上分别再加 20% 和 10%。

低温条件下，体热损失明显增加，在 18℃ 基础上，平均每下降 1℃ 产热量增加 2.5 千焦（$W^{0.75}$ 24 小时），因此在低温条件下应提高维持的能量需要。例如，维持需要在 5℃ 时为 $389W^{0.75}$，0℃ 时为 $402W^{0.75}$，-5℃ 时为 $414W^{0.75}$，-10℃ 为 $427W^{0.75}$，-15℃ 时为 $439W^{0.75}$。

（2）产奶需要　产奶的能量需要，主要取决于产奶量和乳脂率。可按下式推算：

乳含有的能量（千焦/千克）5 + 415.30 × 乳脂率

按该式计算每千克含脂率 4% 标准乳能量平均为 3094.85 千焦，与 3138 千焦仅差 43.15 千焦，为使用方便，仍按一个奶牛能量单位计算。

荷斯坦牛产犊后 60 天内（产奶高峰期以前）当食欲恢复后，采用引导饲养，给量应稍高于需要量。

（3）妊娠后期的能量需要　牛妊娠的能量利用效率很低，每兆焦的妊娠沉积能量约需 20.38 兆焦产奶净能，所以，妊娠 6 月、7 月、8 月、9 月对应在每天维持基础上增加 4.184 兆焦、7.113 兆焦、12.552 兆焦和 20.920 兆焦的产奶净能。如未干奶，还应增加产奶需要。

（4）生长牛和种公牛的能量需要　生长牛的能量需要为维持需要加增重的能量沉积。

生长母牛维持需要（兆焦）= $0.531W^{0.67} \times 1.1$

生长公牛的维持需要量可按生长母牛的 90% 计算。

增重的能量沉积（兆焦）= $\Delta W(1.5 + 0.0045W) \times 4.184 \div (1 - 0.3\Delta W)$

3. 肉牛能量需要 包括生长肥育牛、生长母牛、妊娠母牛和哺乳母牛的能量需要。

（1）生长肥育牛能量需要 包括维持净能和增重净能，称为综合净能（因不同体重下的日增重综合净能需要不同，故需校正）。

$$维持净能（千焦）= 322W^{0.75}$$

此净能值适合于中等温度、舍饲、有轻微活动和无应激环境条件下使用。当气温低于12℃时，每降低1℃，维持能量需增加1%。

$$增重净能（千焦）= \Delta W(2092 + 25.1W) \div (1-0.3\Delta W)$$

生长母牛的增重净能需要在上式基础上增加10%。

（2）妊娠母牛的能量需要 妊娠母牛能量需要等于胎儿维持需要加母牛的维持需要（$0.322W^{0.75}$）再乘以0.82，即为综合净能需要。

胎儿的维持需要等于不同妊娠天数、不同体重母牛的胎儿日增重，乘以不同妊娠天数每千克胎儿增重的维持需要，即 [（0.008 792–0.854 54）×（0.143 9 + 0.000 355 8）] ×（0.197 769t–11.761 122）

式中 t——妊娠天数。

妊娠母牛的综合净能需要（兆焦）=（$0.322W^{0.75}$＋胎儿维持需要）×0.82

式中 W——母牛体重（千克）。

（3）哺乳母牛能量需要 哺乳母牛能量需要除维持需要外还要增加泌乳需要。泌乳需要按每千克4%乳脂率的乳含3.138兆焦计算。二者之和经校正后即综合净能需要。

哺乳母牛综合净能需要=（维持净能＋泌乳净能）×0.82

（三）蛋白质

1. 蛋白质体系 我国牛的营养一直使用粗蛋白质体系，随着对反刍动物蛋白质营养研究的不断深入，发现传统的粗蛋白质或可消化粗蛋白质体系不能完全反映反刍动物蛋白质消化代谢的实质,不易准确地指导饲养实践。所以农业农村部重点科研项目"反刍家畜小肠蛋白质营养新体系"和国家自然科学基金重点研究项目"反刍动物能量转化规律及营养调控"等对牛的小肠蛋白质营养新体系进行了系统研究,提出小肠可消化蛋白质体系。

这里用可消化粗蛋白质和小肠可消化蛋白质两种体系描述牛对蛋白质的需要。

2. 奶牛蛋白质的需要量

(1)维持的蛋白质需要 维持的可消化粗蛋白质需要量为 3 克 $\times W^{0.75}$,200 千克以下用 2.3 克 $\times W^{0.75}$;小肠可消化蛋白质的需要量为 2.5 克 $\times W^{0.75}$,200 千克以下用 2.2 克 $\times W^{0.75}$。

图 2-2 奶牛

(2)产奶的蛋白质需要 国内奶牛氮平衡试验表明,可消化粗蛋白质用于奶蛋白的平均效率为 0.6,小肠可消化粗蛋白的效率为 0.7,所以:

产奶的可消化蛋白质需要量=牛奶的蛋白质量 ÷0.6

产奶的小肠可消化粗蛋白质需要量=牛奶的蛋白质量 ÷0.7

(3)生长牛的蛋白质需要 生长牛的蛋白质需要量取决于体蛋白质的沉积量。

增重的蛋白质沉积(克/天)= $\Delta W(170.22-0.1731W+0.000178W^2) \times$ (1.12−0.1258ΔW)

生长牛日粮可消化粗蛋白质用于体蛋白质沉积的利用效率为 55%,但幼龄时效率较高,体重 40~60 千克可用 70%,体重 70~90 千克可用

65%；生长牛日粮小肠可消化粗蛋白质的利用效率为60%。

生长牛可消化粗蛋白质需要量（克）

＝维持的可消化粗蛋白质需要量＋增重的可消化粗蛋白质沉积÷0.55

生长牛小肠可消化粗蛋白质需要量（克）

＝维持的小肠可消化粗蛋白质需要量＋增重的蛋白质沉积÷0.6

（4）妊娠的蛋白质需要 妊娠的蛋白质需要按妊娠各阶段子宫和胎儿所沉积的蛋白质量进行计算。可消化粗蛋白用于妊娠的效率按65%计算；小肠可消化粗蛋白质的效率按75%计算。妊娠的蛋白质需要量在维持的基础上，可消化粗蛋白质给量在妊娠6月、7月、8月、9月时分别为50克、84克、132克和194克，小肠可消化粗蛋白质给量分别为43克、73克、115克和169克。

3. 肉牛蛋白质的需要量

（1）生长肥育牛粗蛋白质需要量 按维持需要加增重需要计算。维持的粗蛋白质需要量为5.5克$\times W^{0.75}$，小肠可消化粗蛋白质需要量为3.3克$\times W^{0.75}$。

增重的蛋白质沉积量（克／天）＝ΔW（168.07–0.168 69W＋0.000 163 3W^2）×（1.12–0.123 3ΔW）

增重的粗蛋白质需要量＝增重的蛋白质沉积量÷0.34

增重的小肠可消化粗蛋白质需要量＝增重的蛋白质沉积量÷0.6

（2）妊娠后期母牛粗蛋白质需要量 按维持需要加生产需要计算。维持的粗蛋白质需要量为4.6克$\times W^{0.75}$，妊娠6月、7月、8月、9月时，在维持基础上分别增加77克、145克、225克和403克。实际的胚胎、子宫所沉积的蛋白质数量除以0.75，即得所需的小肠可消化蛋白质数量。

（3）哺乳母牛的粗蛋白质需要量 维持的粗蛋白质需要量为4.6克$\times W^{0.75}$，产奶需要量按每千克4%乳脂率乳所需粗蛋白质85克计。乳

中蛋白质含量除以0.7，即得泌乳所需要的小肠可消化蛋白质数量。

（四）矿物质

牛对矿物质的需要包括钙、磷、氯、钠等常量元素和铁、铜、锌等微量元素。矿物质供应不足，会导致牛体衰弱、生产受阻、食欲减退、饲料利用率降低、繁殖机能紊乱及骨骼病变。但矿物质供应若超过安全用量，也会造成危害，甚至牛中毒。

微量元素使用时以添加剂预混料的形式加入日粮。这里主要提出钙、磷和食盐用量。

1. 钙、磷需要量 根据国内平衡试验和饲养试验，奶牛维持需要按每100千克体重给68克钙和4.5克磷；每千克标准乳给4.5克钙和3克磷可满足需要，钙、磷比以2∶1到1.3∶1为宜。肉牛钙、磷需要量可按下式计算。

钙需要量（克/天）=（$0.0154W + 0.071 \times$ 增重的蛋白质 $+ 1.23 \times$ 产奶量 $+ 0.0137 \times$ 胎儿生长）$\div 0.5$

磷需要量（克/天）=（$0.028W + 0.039 \times$ 增重的蛋白质 $+ 0.95 \times$ 产奶量 $+ 0.0076 \times$ 胎儿生长）$\div 0.85$

2. 食盐需要量 奶牛维持按每100千克体重给3克，每产1千克标准乳给1.2克；肉牛给量应占日粮干物质的0.15%~0.3%。喂青贮时比干草需要量多，喂高粗料日粮比高精料日粮多，喂青绿多汁饲料比喂枯老饲料时多。

（五）维生素

牛容易缺乏的维生素主要是维生素A、维生素D、维生素E。成年牛瘤胃微生物可以合成，但犊牛需用添加剂方式补充。

1. 维生素A 在饲养实践中，维生素A多以胡萝卜素的形式添加。中产奶牛1个NND给23毫克，高产奶牛25毫克，怀孕母牛25~30毫

克；肉牛生长肥育期每千克饲料干物质 5.5 毫克（维生素 A2200IU），妊娠母牛 7 毫克（维生素 A2800IU），泌乳母牛 9.75 毫克（维生素 A3800IU）。

2. 维生素 D　中产奶牛每天需 1 万~1.5 万 IU，高产奶牛 2 万 IU；肉牛每千克饲料干物质 275IU，犊牛、生长牛和成年母牛每 100 千克体重 660IU。

3. 维生素 E　实际饲养中，维生素 E 不易单独缺乏，往往伴随微量元素硒同时缺乏。正常情况下的需要量为犊牛每千克饲料干物质 25IU，成年牛 15~16IU。

（六）水分

水是极易被忽视但对维持牛生命和生产来说又是极其重要的营养物质。缺水使牛生产力下降，健康受损，生长牛生长滞缓。轻度缺水往往不易发现，在不知不觉中造成很大的经济损失。

肉牛每天需水 26~66 升；奶牛每日需水 38~110 升；每产 1 千克乳需水 3 升，每采食 1 千克干物质需水 3~4 升。实践中最好的方法是给牛提供充足饮水，让其自由饮用。

二、牛常用饲料的种类及特性

牛常用的饲料种类很多，特性各异。按照生产上的习惯和牛的利用特性，牛常用的饲料常分为青绿饲料、粗饲料、矿物质饲料、维生素饲料与非蛋白氮饲料。

（一）青绿饲料

青绿饲料是指天然含水量高的绿色植物，包括草原牧草、野生杂草、人工栽培牧草、农作物的茎叶，以及能被牛利用的灌木、树叶和蔬菜等。青绿饲料的特点是水分含量比较高，干物质含量低，如陆生植物含水量

第二章 牛的营养需要与饲料

图2-3 青绿饲料

一般大于60%。青绿饲料适口性好，营养成分较全且相对平衡。粗蛋白质含量丰富，消化率高。如以干物质计算，禾本科牧草（抽穗开花期）粗蛋白质含量达13%~15%，豆科牧草（孕蕾—开花期）粗蛋白质含量高达20%左右，并富含各种氨基酸，可以满足牛各种生理状态下对蛋白质的需要。维生素含量丰富，特别是胡萝卜素，每千克含量可达50~80毫克。此外，钙、磷比例合适，易被吸收利用。青绿饲料营养全面，是牛的优质饲料。

1. 人工栽培牧草 人工栽培牧草种类很多。禾本科有苏丹草、象草、湖南稷子、披碱草、杂交狼尾草等。豆科有紫花苜蓿、沙打旺、红三叶、白三叶、苕子、紫云英等。人工栽培牧草的特点是枝叶茂盛，生物量大，再生能力强，适口性好，营养价值比一般野草高。就营养成分而言，禾本科牧草富含碳水化合物，蛋白质含量一般在8%~12%，粗纤维含量随生育期的发育而逐渐增加，但变化速度较豆科牧草缓慢。豆科牧草的营养价值高，富含蛋白质和钙。如紫花苜蓿，幼嫩时以干物质计，蛋白质

高达26.1%，并且消化率高，是养牛不可缺少的优质饲料。

2. 天然草原牧草　我国草原面积大，地形复杂，草原类型多，牧草种类繁杂。禾本科草原牧草有牛草、冰草、无芒雀麦、老芒麦、披碱草、草地早熟禾、芦苇、猫尾草等。豆科牧草有牛柴、胡枝子、柠条、银合欢等。其他科牧草有木地肤、梭梭、盐瓜瓜、珍珠柴、驼绒藜等。豆科牧草蛋白质含量高，如营养生长期的牛柴，干物质中粗蛋白质含量高达25.4%。禾本科牧草虽蛋白质含量低于豆科，但茎叶繁茂，生物量大，可食部分多。由于生态条件差异较大，各类牧草营养成分相差较悬殊，但除有毒、有害牧草外，大部分可被牛利用，是牛育肥、产奶的主要饲草。

3. 野生杂草　野生杂草种类特别多，幼嫩期营养价值较高，应用较多的是豆科、禾本科野草。禾本科野草有毒的极少，适口性好，富含碳水化合物。据分析，130种禾本科野草的平均成分：鲜草蛋白质含量2.38%、无氮浸出物含量15.21%；干草蛋白质和无氮浸出物含量分别为8.18%和43.46%。禾本科野草虽然粗纤维含量较多，一般为30%，但适口性好，采食量最大。禾本科野草粗蛋白质中精氨酸和赖氨酸含量较高，分别占干物质的1.08%和1.06%。豆科野草由于根瘤菌的作用，营养价值较高，茎叶中富含蛋白质、钙和多种维生素，粗纤维较少，适口性好，易消化吸收。

4. 青刈作物　指对农作物进行密植，在籽粒未成熟前收割的作物，如玉米在乳蜡熟期刈割青饲，其单位面积上所获得的总营养物质和粗蛋白质要高15%，胡萝卜素高20倍以上。青绿饲料种类多，产量高，品质好，但因水分含量高，不宜长期保存。为了全年均衡供应青绿饲料，可利用夏、秋季节青绿饲料生产旺季，通过青贮使营养物质保存下来，以供冬、春季节使用。当然解决青绿饲料的方法是重视牧草生产和草地改良工作，并在有灌溉条件的地方种植饲用作物和高产牧草。在农区则可利用闲散

土地种植牧草或引进三元种植结构,这样既解决牛的饲草,又增加植被覆盖,减少水土流失。也可利用冬闲地种草,如种黑麦草,解决冬、春季节青绿饲料不足的问题。

(二)青贮饲料

1. 秸秆青贮技术 青贮原理:青贮是利用微生物的乳酸发酵作用,达到长期保存青绿营养多汁饲料的营养特性的一种方法。青贮过程的实质是将新鲜植物紧实地堆积在不透气的容器中,通过微生物(主要是乳酸菌)的厌氧发酵,使原料中所含的糖分转化成有机酸——主要是乳酸。乳酸在青贮原料中积累到一定程度时就能抑制其他微生物的活动,并制止原料中养分被微生物分解破坏,从而很好地将原料中的养分保留下来。

青贮技术要点:

(1)排除空气 乳酸菌是厌氧菌,只有在没有空气的条件下才能繁殖。因此在青贮的过程中原料切得越短,踩得越实,密封得越严越好。

(2)创造适宜的温度 原料温度在25~35℃,乳酸菌会大量繁殖,很快占主导优势,致使其他一切杂菌无法正常活动。反之,若原料温度在50℃以上时,丁酸菌就会生长繁殖,使青贮料出现臭味,以致腐败。因此要尽量踩实以排除空气,并缩短铡草装料过程。

(3)掌握好水分 适宜于乳酸菌繁殖的含水量为70%左右,过干不易踩实,温度易升高;过湿酸度大,牲畜不爱吃。70%的含水量,相当于玉米植株下边有3~5片干叶,如全株青绿砍后可晾半天;青黄叶比例各半,只要设法踏实,不加水分同样可获成功。

(4)选择合适的原料 乳酸菌发酵需要一定的糖分。青贮原料中含糖量不宜少于1%,否则影响乳酸菌的正常繁殖,青贮饲料的品质难以保证。含糖少的原料可以和含糖多的原料混合青贮,也可添加3%~5%的玉米面或麦麸单独青贮。

（5）确定适宜时间　利用农作物秸秆青贮，要掌握好时机。过早会影响粮食生产，过迟会影响青贮品质。玉米秸秆的收贮时间，一看籽实的成熟程度，乳熟过早，蜡熟正适时；二看青黄叶比例，黄叶差，青叶好，各占一半就嫌老。

2. 青贮场地和青贮容器

（1）青贮场地的选择　应选在地势高燥，排水容易，地下水位低，取用方便的地方。

（2）青贮容器的选择　青贮容器种类很多，有青贮塔、青贮壕（大

图 2-4　青贮场地

型养殖场多采用）、青贮窖（有长窖、圆窖）、水泥池（地下、半地下）、青贮袋以及青贮窖袋等。农户采用圆形窖和窖袋这两种青贮容器为好。

（3）青贮容器的处理　圆形青贮窖一般为深 3 米，上径 2 米，下径 1.5 米，窖面刨光，暴晒两日后方可启用，或按塑料袋大小，挖一略小于袋的圆形窖，刨光壁面，晒干后备用。

3. 青贮料的装填

（1）收运　将收获籽实后的玉米秸秆及时运到青贮窖房，收运的时间越短越好，这样既可保持原料中较多养分，又能防止水分过多流失。

（2）切装　将窖房玉米秸切为2~3厘米长，在窖底先铺一层20厘米厚的干麦草，把切碎的玉米秸装入窖内，边切、边装、边踏实。特别是窖的周边，更应注意踏实，装到高出窖面20~30厘米为止。

（3）封窖　窖装满后，上面覆盖一层塑料布，布上盖30多厘米厚的土层，密封。窖周挖好排水沟。

（三）粗饲料

粗饲料是粗纤维含量高（超过20%）、体积大、营养价值较低的一类饲料，主要包括秸秆、秕壳和干草等。

1. 玉米秸　玉米秸营养价值是禾本科秸秆中最高的。刚收获的玉米秸营养价值较高，但随着贮存期加长，营养物质损失较大。一般玉米秸粗蛋白质含量为5%~5.8%，粗纤维含量为25%左右，牛对其消化率为65%左右，其中钙少磷多。

为了保存玉米秸的营养含量，最好的办法是收获果穗后立即青贮。目前已培育出收获果穗后玉米秸全株保持绿色的新品种，很适合制作青贮。

2. 麦秸　包括小麦秸、大麦秸、燕麦秸等。其中燕麦秸营养价值最高；大麦秸次之；小麦秸最差（春小麦比冬小麦好），但其数量较多。总体来看，麦秸粗纤维含量高，消化率低，适口性差，是质量较差的饲料。这类饲料喂牛时应经氨化或碱化等适当处理，否则，对牛没有多大营养价值。

3. 稻草　稻草是我国南方地区主要的粗饲料来源，营养价值低于玉米秸而高于小麦秸。粗蛋白含量为2.6%~3.6%，粗纤维含量为21%~30%；钙多磷少，但总体含量很低。牛对其消化率为50%。经氨化或碱化后可显著提高粗蛋白质含量和消化率。

4. 豆秸 指豆科秸秆。普遍质地坚硬，木质素含量高，但与禾本科秸秆相比，粗蛋白质含量较高。豆科秸秆中，花生秸营养价值最好，其次是豌豆秸，大豆秸最差。由于豆秸质地坚硬，消化率低，应粉碎后饲喂，以便被牛较好吸收。

5. 秕壳 农作物籽实脱壳后的副产品。营养价值除稻壳和花生壳外，略高于同一作物秸秆。其中豆荚含粗蛋白质10%~50%，无氮浸出物42%~50%，粗纤维33%~40%，饲用价值较好，适于喂牛。谷类皮壳营养价值低于豆荚。棉籽壳含粗蛋白质4.0%~4.3%，粗纤维41%~50%，无氮浸出物34%~43%，虽含有棉酚，但对肥育牛影响不大，喂时搭配其他青绿块根饲料效果较好。

6. 禾本科牧草 禾本科牧草种类很多，包括天然草地牧草与人工栽培牧草，最常用的是羊草、鸡脚草、无芒雀麦、披碱草、象草、苏丹草等。禾本科牧草除青刈外，还可制成青干草和青贮饲料，作为各类牛常年的基本饲料。

7. 豆科牧草 豆科牧草种类比禾本科少，其粗蛋白质和矿物质含量比禾本科牧草高。干物质中粗蛋白质可达20%以上，可溶性碳水化合物含量低于禾本科牧草。主要有苜蓿、三叶草、草木樨、紫云英、毛苕子、沙打旺等。其中苜蓿有"牧草之王"的美称，产量高，适口性好，营养价值很高，富含多种氨基酸的优质蛋白质、丰富的维生素和钙等。草本饲料也具有很高的营养价值，但含有香豆素，有不良气味，适口性差，若在保存中发生霉变，香豆素受真菌作用转变为双香豆素，在牛体内会与维生素K发生拮抗作用。

有些豆科牧草含有皂素，在牛瘤胃中能产生大量泡沫，易使牛发生瘤胃鼓胀，所以不能喂太多，最好先喂一些干草或秸秆，再喂苜蓿等豆科饲料。

第二章　牛的营养需要与饲料

（四）精饲料

精饲料是指可消化营养物质含量高，体积小，粗纤维含量少，用于补充牛基本饲料能量和蛋白质不足的一类饲料。

图 2-5　牛在吃精饲料

1. **玉米**　玉米被称为"饲料之王"，是牛最主要的能量饲料。含产奶净能 8.66 兆焦 / 千克，肉牛综合净能 8.06 兆焦 / 千克；粗蛋白质含量较低，8.6% 左右，且品质不佳，但过瘤胃值高；钙、磷含量均少且比例不适。由于粗纤维含量极少，有机物的消化率高达 90%。

2. **大麦**　粗蛋白质含量为 12% 左右，且品质较好；产奶净能约 8.2 兆焦 / 千克，肉牛综合净能 7.19 兆焦 / 千克；脂溶性维生素含量偏低，不含胡萝卜素；粗纤维含量 5% 左右，有机物消化率 85%。

3. **高粱**　含产奶净能 7.74 兆焦 / 千克，肉牛综合净能 6.98 兆焦 / 千克；粗蛋白质含量略高于玉米，为 8.7%，有机物消化率 55.8%。因含单宁，

适口性差而且喂牛易引起便秘，一般用量应不超过日粮的20%，与玉米配合使用可使牛吸收效果增强。

4. 燕麦　含产奶净能7.66兆焦/千克，肉牛综合净能6.96兆焦/千克；粗蛋白质含量11.6%，品质优于玉米；粗纤维含量9%左右；脂溶性维生素和矿物质较少，总营养价值低于玉米。

5. 麦麸　数量最多的是小麦麸，其营养价值因出粉率的高低而变化。一般含产奶净能6.53兆焦/千克，肉牛综合净能5.86兆焦/千克；粗蛋白质含量14.4%；粗纤维含量较高。质地蓬松，适口性好，具有轻泻作用。母牛产后日粮加入麸皮，可调养消化机能。

大麦麸在能量、粗蛋白质和粗纤维等指标上均优于小麦麸。

6. 米糠　为去壳稻粒制成精米时分离出的副产品。米糠的有效营养变化随含壳量的增加而降低。米糠脂肪含量高，易在微生物及酶的作用下发生酸败，引起牛的腹泻。一般米糠含产奶净能8.20兆焦/千克，肉牛综合净能7.22兆焦/千克；粗蛋白质含量12.1%。

7. 豆饼和豆粕　豆饼和豆粕是牛最常用的蛋白质补充饲料，营养价值很高，粗蛋白质含量达40%~47%，且品质较好，特别是赖氨酸含量很高，可达2.5%~2.8%；产奶净能和肉牛综合净能在7~8.5兆焦/千克。含钙量0.32%~0.4%，磷0.56%~0.75%。适口性好，营养成分较全面，对各类牛均有良好的生产效果，特别是与玉米搭配，对瘤胃中微生物合成蛋白质及小肠中消化吸收效果显著。缺点是蛋氨酸含量低。

8. 棉籽饼　营养价值随棉籽脱壳程度和制油方法不同而差异很大。平均粗蛋白质含量约33%，缺乏赖氨酸，但蛋氨酸和色氨酸都高于豆饼，含钙少，缺乏维生素A、维生素D。棉籽饼含有毒物质棉酚，喂前应先脱毒，并控制喂量。奶牛一般不超过精料的15%，短期肥育的架子牛可加大喂量。

9. 菜籽饼　粗蛋白质含量为36%；钙、磷含量高，分别为0.8%和

1.2%。菜籽饼含有毒成分芥子苷,适口性差,虽然牛对其毒性耐受能力较强,但喂时亦应脱毒并控制喂量。犊牛和孕牛不宜饲喂,其他牛每头每天可喂1千克,并与其他饼粕搭配使用。

此外,亚麻饼(粕)、菜花饼(粕)、花生饼(粕)都可作为牛蛋白质补充料。粉渣、酱渣、豆腐渣、酒糟渣等均是牛的好饲料,特别用来肥育肉牛,效果十分显著。

第三章 牛的饲养管理

一、犊牛和青年牛的饲养管理

（一）犊牛的特点

犊牛是指出生到6月龄的幼牛。犊牛培育是奶牛生产的关键，培育好坏直接影响奶牛一生中生产性能的高低，因此，必须掌握犊牛科学的饲喂技术和管理方法。

1. 行为特点 处于哺乳期的犊牛在哺乳后总有不足之感，为此而产生相互吮吸嘴巴上的余奶，以致延伸到相互舔毛或吮吸乳头。牛毛进入胃中易形成毛球，甚至堵塞幽门而致牛犊死亡；习惯性吮吸乳头易引起乳头发炎。

犊牛断奶后有依恋原牛群现象。如将一头犊牛从牛群隔开，它会产生强烈的逆境反应而紧张不安，甚至跳越围栏重新回到原来的牛群中。

2. 消化特点与瘤胃发育 哺乳期犊牛瘤胃发育尚未健全，容积很小，一般出生3周后才出现反刍。所以，初生牛犊整个胃的功能与单胃动物的基本一样，前3个胃的消化功能还没有建立，主要靠真胃进行消化。随着犊牛年龄的增大和采食植物性饲料的增加，胃的发育便逐渐趋于健全，消化能力也随之提高。

对犊牛除饲喂全乳外，补饲适量精饲料和干草可促使其瘤胃迅速发育。补喂精饲料有助于瘤胃乳头的生长；补饲干草则有助于促进瘤胃容

积和组织的发育。但完全补饲精料,则会使瘤胃的发育推迟。如果仅饲喂全乳,8周龄后瘤胃、网胃的容积相对较小,饲喂至12周龄,此时瘤胃的发育更加缓慢。

补饲精料和干草可促进瘤胃容积的发育,瘤胃也因此发酵而产生乙酸、丙酸、丁酸等挥发性脂肪酸(VFA),这些脂肪酸对瘤胃的发育亦有刺激作用。

3. 食管沟反射　哺乳期犊牛靠食管沟反射将吮吸的乳汁直接由食管流入皱胃。试验证明,以犊牛习惯的哺乳方式喂乳时,乳汁进入皱胃,以犊牛正常的饮水方式喂乳或水时,液体主要进入"瘤胃—网胃"。由此可见,哺乳行为会影响食管沟反射。在生产实践中,用正常饮水方式喂乳的犊牛,生长状况往往不及用哺乳器喂乳的犊牛发育良好。

(二)犊牛的饲养

培育哺乳犊牛应注意从单胃消化转为复胃消化,从奶的营养到饲草营养的过渡。

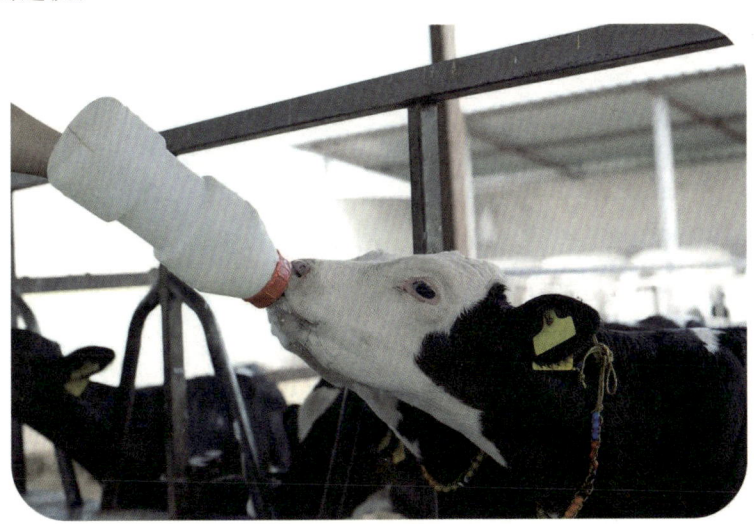

图3-1　喂犊牛

1. **及时喂初乳** 母牛产后 5~7 天分泌的乳汁称为初乳。初乳中含有多种抵抗疾病的免疫物质和维生素,其中蛋白质含量比常乳多 4~5 倍,脂肪含量多 1 倍左右,维生素 A、胡萝卜素和各种矿物质含量也很丰富。刚刚出生的犊牛对免疫球蛋白的吸收率为 50%,出生 20 小时后吸收 12%,36 小时后吸收极少或不吸收。初乳的酸度高(45°~50°T),能有效地刺激胃黏膜产生消化液,能抑制细菌活动,使机体免受侵害。初乳中含有溶菌酶和抗体,溶菌酶能杀死多种细菌。γ-球蛋白可以抑制某些细菌的活动,K-抗原凝集素能够抵抗特殊品系的大肠杆菌。初乳含有较多的镁盐,具有轻泻作用,能促使胎便排除。初乳中的这些作用会随着时间的延长而逐渐减弱。所以犊牛出生后 1 小时内必须吃到初乳。

第一次初乳喂量 1.5~2 千克,不宜过多,以免引起消化紊乱。以后随着食欲的增加,每天初乳喂量可按体重的 8%~12% 计算,应少量多次,避免消化不良。

犊牛出生后,如果母牛死亡或母牛产后患乳房炎,可喂产犊时间相同的健康母牛的初乳,或喂发酵初乳,也可喂加鱼肝油的常乳。

犊牛人工哺喂时可以用桶喂或用哺乳壶。初乳期犊牛最好用带有乳嘴的哺乳壶饲喂,这种方法可使食管沟形成完全反射,闭合成管状,使乳汁全部流入皱胃,也比较卫生;用桶喂容易使奶溢入前胃,引起异常发酵而发生下痢。用哺乳壶喂时要求奶嘴光滑牢固,防止犊牛将其拉下或撕破,在奶嘴顶部剪一个"+"字形口,以利于犊牛吸吮。

用桶喂初乳时,一只手持奶桶,防止撞翻,另一只手中指及食指浸入乳中蘸取初乳向犊牛嘴上引导哺乳,当犊牛吸吮手指时,慢慢把奶桶提高让犊牛口紧贴牛乳里吮饮,习惯后则可将手指拔出,如此反复几次,犊牛便会自己哺饮初乳。

初乳一天喂3~5次，做到定温、定量、定时，形成规律性。初乳的适宜饲喂温度为35~38℃；温度低时易引起犊牛胃肠机能失常，导致下痢；温度过高时，易引起口炎、胃肠炎等。喂完初乳后，用毛巾将犊牛嘴擦净，以免形成舔癖。每次哺喂完初乳后，奶桶、奶壶要及时清洗，晾干，使用前用85℃以上热水或蒸汽消毒。

2. 哺喂常乳　犊牛饲喂初乳5~7天即可开始哺喂常乳（全乳）。反刍动物的乳蛋白中含有较多的酪蛋白，酪蛋白在胃酸和皱胃酶的作用下凝固，在凝固过程中将脂肪球包裹在内，这样可以在胃中缓慢而充分地被消化。全乳营养成分有95%以上可以在皱胃被消化吸收。犊牛至少在3~4周龄以前必须以液体奶为主要营养来源，因为只有液体饲料才能不经过瘤胃而直接进入皱胃，形成食管沟反射，从而被有效地消化和吸收。

因初乳、常乳、混合乳的营养成分差异很大，犊牛最好吃其母亲常乳10~15天后再饲喂混合常乳，以免造成消化不良或食欲不振。

常乳哺喂量应根据犊牛培育方案、牛的品种、产犊季节、犊牛生长计划和饲料条件等方面制定。目前生产中多采取2~3个月龄断奶，哺乳量控制在300~400千克。在饲料条件较好的情况下，生后1周即可补喂犊牛料和优质干草。这样，可促进犊牛瘤胃发育和及早反刍，缩短哺乳期，降低鲜奶的哺喂量。为降低犊牛培育成本，可改喂代用乳，以代替部分鲜奶。犊牛代用乳的蛋白质含量不低于22%、脂肪为15%~20%、粗纤维含量不高于1%，还应添加一定量的矿物质、维生素和抗生素等。

为了节约鲜奶，有的奶牛场饲喂发酵初乳。制备发酵初乳时，若没有菌种，用酸牛奶就可以。将牛奶煮沸，冷却到40℃，加入乳酸菌种或酸奶，在37℃的条件下，经过7~8天，置于冰柜中（4~10℃）备用。

3. 供给优质的植物性饲料

（1）补喂干草　从7~10日龄开始训练犊牛采食干草，在牛槽或牛架上放置优质干草任其自由采食，这样可促进瘤胃发育，防止舔食异物。

（2）补喂精料　犊牛出生1周后开始训练其采食精料。初喂时，可将精料磨成细粉并与食盐、矿物质饲料混合涂擦牛的口周围，使其感受味道和气味，教其舔食。最初每天每头喂干粉料10~20克，数日后可增至80~100克。待犊牛适应一段时间后，冉饲喂混合湿拌料，可以提高适口性，增加采食量。湿拌料的供给量随年龄渐增，1月龄每天每头250~300克，2月龄可达700克以上。

（3）补喂青绿多汁饲料　犊牛生后20天开始，补喂切碎的胡萝卜、甜菜等青绿多汁饲料，最初每天每头20~25克，以后逐渐增加，到2月龄时可喂1~1.5千克。如无胡萝卜，也可以喂南瓜，但饲喂量要适当减少。

（4）青贮饲料　从犊牛2月龄开始喂优质青贮饲料，最初每天每头100~150克，3月龄时可喂到1.5~2千克，4~6月龄时增至4~5千克。

4. 供应充足的饮水
牛奶中虽然含有大量水分，但仍不能满足犊牛正常代谢需要，因此，在犊牛出生后1周即开始训练其饮水（水中加适量奶借以引诱），以补充奶中水分的不足。绝不能以奶代水，否则犊牛易发生消化不良，生长发育速度减慢。

最初需饮36~37℃的温开水，10~15天后改饮常温水，1月龄后可在运动场饮水池自由饮水，但水温不应低于15℃。

5. 加喂抗生素
为预防下痢等消化道疾病，可饲喂添加抗生素的饲料。如每天补喂金霉素10000IU，30天后停喂，犊牛的日增重可提高6%~7%，下痢发生率大大降低，在卫生条件较差的情况下，效果更为明显。

（三）犊牛的管理

哺乳期犊牛的管理主要是卫生工作，预防消化道和呼吸道疾病，保

第三章　牛的饲养管理

证犊牛健康的生长发育。断奶后在犊牛舍内可按 5~15 头一栏进行群养，每头犊牛占 1.8~2.5 平方米，同一群内的犊牛年龄和体重应尽可能一致。

图 3-2　哺乳期犊牛

1. 卫生管理

（1）犊牛哺乳卫生　犊牛进行人工喂养时应切实注意乳和哺乳用具的卫生，尤其是采用桶式哺乳法时。每次喂奶完毕，用干净毛巾将犊牛口、鼻周围残留的乳汁擦干。

（2）犊牛栏卫生　犊牛栏应保持干燥，铺以干燥清洁的垫草。垫草应勤打扫、勤更换。犊牛舍定期消毒。同时犊牛舍保证阳光充足、通风良好、冬暖夏凉。

（3）犊牛皮肤卫生　犊牛皮肤易被粪便、尘土黏附而形成皮垢，需经常刷拭，保持清洁，保证皮肤的保温与散热。刷拭亦可按摩刺激皮肤，促进皮肤的血液循环和呼吸，增强皮肤的新陈代谢，有利于犊牛的生长发育，同时能防止体表寄生虫滋生，驯化犊牛，建立感情。皮肤刷拭每天 1~2 次，用软毛刷辅以硬质刷子，用力宜轻，以免损伤皮肤。

2. 单栏露天培育 20 世纪 70 年代以来，国外在犊牛出生后，常采用单栏露天饲养。近年来国内一些先进的奶牛场也采用了这种方法培育犊牛。在气候温和的地区或季节，犊牛生后 3 天可在室外犊牛栏饲养。

室外犊牛栏是一种半开放的犊牛栏，由侧板、顶板及后板围成。侧板两块，四边长分别为 150 厘米、165 厘米、115 厘米和 145 厘米，是前高后低的直角梯形；顶板为 130 厘米 × 170 厘米的矩形；后板为 115 厘米 × 120 厘米的矩形。每头犊牛占用面积为 5.4 平方米。犊牛栏一般采用厚度不小于 1.25 厘米的木板制作，也可采用铁板、水泥预制板或砖制成。栏的后板应设一排气孔，冬天关，夏天开；或在后板与顶板之间设升降装置，夏天将顶板后部升起以便通风。犊牛栏的前边设一运动场。运动场由直径为 1~3 厘米的钢筋围成栅栏状，围栏长、宽、高分别为 3 米、1.2 米、0.9 米。围栏前设哺乳桶和饮水桶，以便犊牛在小范围内活动、采食、饮水。

室外犊牛栏坐北朝南，也可随季节或地区不同调换方向。室外犊牛栏应设在地势平坦、排水良好的地方。

犊牛在室外犊牛栏内饲养 60~120 天，断奶后即可转入育成牛舍。实践证明，采用单栏露天培育，犊牛成活率高，增重快，还可促进提早发育。

3. 加强运动 犊牛生后 8~10 天即可在运动场做短时间运动，对体质和健康十分有利。运动时间长短应根据犊牛的日龄和气温变化酌情掌握。运动场内设置干草架和盐槽。

4. 健康观察 平时对犊牛进行仔细观察，发现有异常的犊牛，及时进行处理，可提高犊牛成活率。每天要求观察 4 次，观察的内容包括以下几个方面。

（1）观察每头犊牛的被毛和精神状态。

（2）每天两次观察犊牛的食欲以及粪便是否正常。

（3）注意犊牛是否有咳嗽或气喘。

（4）发现病犊，应及时隔离治疗。

5. **检测体高和体重** 犊牛从出生时开始称重，以后每月称测一次体高和体重并进行记录，以检查犊牛的生长发育状况。

6. **戴耳标** 为了便于观察管理和识别，犊牛必须戴耳标。常用的是塑料耳标，上面印有数字，清晰可见，既经济又简单。犊牛出生1周后即可用耳号钳戴耳标。

戴耳标前按奶协规定的良种登记方法编号命名，即第1位用汉语拼音表示省，如黑龙江省用"H"，第二位表示场号，如完达山牛场用"w"，第三位表示年号，如2004年用"04"，第四位为顺序号，如"89"号，全部排列为Hw0489。编号命名一旦确定，要保持不变。

目前国内有许多厂家生产耳标，以坚固耐用、柔软光滑、长期不褪色的耳标为好。

7. **预防疾病**

（1）防疫注射 根据当地畜牧兽医行政管理部门和牛场的要求，按时对结核和布鲁氏菌病进行检疫工作，并接种口蹄疫等有关疫苗。

（2）预防肺炎 肺炎是由多种病原微生物与环境温度的骤变等合并引起的，所以犊牛舍要保温、防寒，防止冷风侵入，舍内温度保持在15℃以上。

（3）预防下痢 不要喂变质的奶；控制哺乳量和奶温；做好气候骤变时的应急工作；做好牛舍、牛栏等消毒工作；供给清洁充足的饮水。

8. **犊牛的去角** 为便于犊牛成年后的管理，减少牛体因相互碰撞而造成创伤，应提倡给犊牛去角。常用的去角方法有：

氢氧化钠（钾）法。生后7~12天进行。先剪去角基部的毛，在角根周围涂上一圈凡士林，然后用氢氧化钠（钾）棒在剪毛处涂抹，直至有

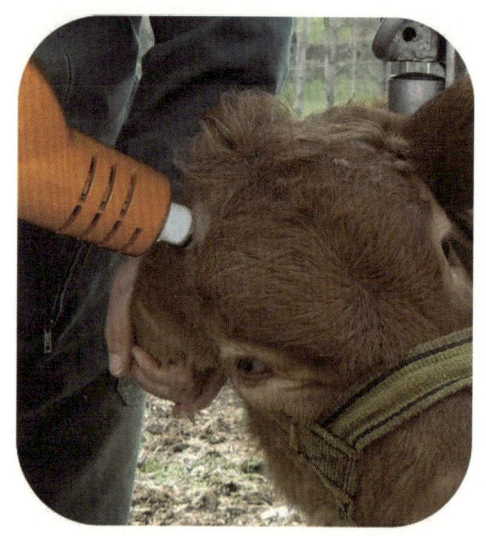

图 3-3　给犊牛去角

微量血丝渗出，面积 1.6 平方厘米左右，以破坏角的生长点。该法应用效果良好。操作时防止手被烧伤，注意避免血碱溶液烧伤犊牛眼睛。

热烙法：将去角器加热至 480~540℃，适当地套在牛角根部，使之与牛角根部充分接触，在每个角根部停留大约 10 秒，适用于 3~5 周龄的犊牛。也可用特制的烙铁烧红后在角的生长点处烧烙。

9. 剪除副乳头　乳房上有副乳头不利于清洗乳房，容易发生乳房炎，所以，在 4~6 周龄时剪除犊牛副乳头。方法是：先将乳房周围部位洗净、消毒，把乳房轻轻拉向下方，用锐利的剪刀在连接乳房处剪掉副乳头，然后在伤口上涂少许消毒药。如果乳头过小，辨认不清，可等母犊牛年龄稍大时再剪除。

10. 犊牛早期断奶　奶牛产业发达国家和国内条件较好的奶牛场，犊牛的哺乳期一般是 4~6 周，喂乳量多控制在 100 千克左右。条件一般的犊牛哺乳期也不超过 2 个月，哺乳量 250~350 千克。

（1）早期断奶的意义　早期断奶，犊牛的哺乳期缩短，哺乳量减少，可以节省大量鲜奶，并减轻劳动强度，降低培育成本；同时犊牛较早地采食犊牛料促进了犊牛的消化器官，尤其是瘤胃、网胃的发育，提高了犊牛的培育质量、生产性能和成活率，减少了消化道疾病的发病率。

（2）早期断奶方案的拟定　为达到早期断奶的目的，犊牛喂奶量应

严格控制，同时实行早期补饲犊牛开食料和干草，也可哺喂人工乳。早期断奶喂奶量根据当地饲养条件和水平灵活掌握。早期断奶成败的关键是犊牛料和人工乳的配制技术和管理是否科学。犊牛断奶时间应根据日增重和进食量来确定。

犊牛在 4 周龄以上，健康活泼，每天采食犊牛料 0.7 千克以上，能吃干草和饮水，即可断奶。犊牛断奶后应继续饲喂犊牛料至 3~4 月龄，再转换为育成牛日粮。断奶后犊牛料的喂量可控制在 1.5~2.5 千克，自由采食干草和青草。

早期断奶犊牛的生长速度可能比常规断奶犊牛的稍慢，但不影响其后期生长。实行早期断奶要观察犊牛的生长发育及体重的变化，如果日增重降到 0.4 千克以下，将影响犊牛的生长发育。

（3）犊牛料的配制及喂法　犊牛料是根据犊牛的营养需要配制成粉状或颗粒状的混合精料，专用于犊牛断奶前后饲喂。犊牛从出生后 3~7 天开始自由采食，犊牛料可按 1∶1 的比例加水拌匀，再加等量干草或 5 倍的青贮料搅拌均匀后喂给。

犊牛料的原料以植物性高能量籽实类及高蛋白质饲料为主，可加入少量鱼粉、矿物质、维生素等，也可添加优质豆科草粉，如苜蓿草粉。

（4）人工乳的配制及利用　人工乳是犊牛哺乳期用以代替全乳的一种粉末状或颗粒状的商品饲料。为保证人工乳的营养，每千克干物质应含有粗蛋白质 250 克左右、脂肪 200 克左右、碳水化合物 460 克左右、灰分 90 克左右，其营养价值与奶粉相似。犊牛早期不能消化粗纤维，所以，人工乳的粗纤维应低于 0.25%。此外，还应含有一定量的矿物质、维生素和抗生素等，以促进犊牛生长，缓解应激反应，提高饲料转化率。

人工乳的原料以乳业的副产品为主，多用脱脂乳加动物油脂配制。

人工乳蛋白质的含量通常要求达到20%，主要原料为乳蛋白，也可使用少量大豆蛋白浓缩物、大豆蛋白分离物、动物血浆、全血蛋白及经过加工的小麦面筋等。一般商品人工乳含脂肪18%~20%。人工乳的脂肪原料为羊脂或猪油，而植物油脂因含大量的游离脂肪酸，牛对其消化率比较低。犊牛能有效利用的碳水化合物只有乳糖、葡萄糖和右旋糖，因缺乏淀粉酶和麦芽糖酶，对淀粉和蔗糖不易消化，所以淀粉和蔗糖一般不宜用作人工乳的原料，否则会引起犊牛的腹泻。

饲喂人工乳时，必须将其稀释成液体，使其具有良好的悬浮性和适口性，浓度为12%~16%，即按1∶8~1∶6加水。最初饲喂时，需与全乳混合应用，犊牛生后3天内喂初乳，第4天喂全乳加1千克人工乳，第5天加2千克，第7天加4千克，并逐渐减少全乳的喂量，至第8天后即可完全喂人工乳。

11. 断奶至6月龄阶段的饲养 从初生到断奶是犊牛饲养最关键时期。此期，犊牛正处在快速生长发育阶段，所以适时断奶对成年牛高产极为重要。由于犊牛培育方式的不同，断奶时间不一致，应根据犊牛的哺喂方法、生长发育及采食情况等具体确定。一般是在60日龄，采食犊牛料0.7~1千克时断奶。体格过小或体弱的犊牛可适当延长哺乳期。

刚刚断奶的犊牛，有7~14天的日增重仅为0~250克，且毛色粗糙无光泽，过于消瘦，腹部明显下垂，有些犊牛行动迟缓、不活泼。这是犊牛的瘤胃还没有充分发育，容积较小，瘤胃微生物区系正在建立，尚不能采食消化大量容积性的粗饲料，加上早期断奶，其日粮营养水平偏低造成的。因此，这一阶段犊牛粗饲料应以优质干草为主，适当补喂一些青绿饲料，少喂青贮饲料。只要犊牛进食水平提高到1千克/天左右的精饲料和适量的粗饲料，上述现象可很快消失，日增重可达0.65千克以上。

断奶至4月龄继续饲喂犊牛料，并逐渐增加其喂量，同时补喂干草。

在饲喂优质粗饲料的情况下,犊牛日喂量可达1.4~1.8千克;如粗饲料质量一般,犊牛料可增加到1.8~2.2千克;如粗饲料品质太差,犊牛料可喂2.3~2.7千克。到4月龄的荷斯坦牛理想体重为123千克,日增重0.75千克为宜。达6月龄的荷斯坦牛理想体重为168千克,体高为112厘米,胸围为124厘米。其营养需要为:NND7~9千克,DM3.5~4.5千克,钙23~24克,磷13~16克。

断奶后犊牛按年龄和体重分群管理,每群10~15头。每天刷拭1~2次,舍外活动不少于2~3小时。

(四)育成牛饲养管理

1. 育成牛的特点

(1)生长发育特点 育成牛是指7月龄到初次产犊的牛。育成牛的生长发育很快,但不同的组织器官有着不同的生长发育规律。据研究,骨骼的发育7~8月龄最快,12月龄以后逐渐减慢,此时性器官及第二性征发育很快,体躯向高发展。此时除供给犊牛优质的牧草和多汁饲料外,还必须供给一定的精饲料。18~24月龄牛生长速度放缓,体躯显著向宽、深发展,日粮供应以品质优质的

图3-4 成牛的饲养

干草、青草、青贮料和根茎类为主,精饲料可以少喂或不喂。但妊娠后期,必须另外补加精饲料。在正常的饲养条件下,1岁育成牛体重可达初生重

的 7~8 倍，到配种年龄可达到成年体重的 65% 左右。育成阶段的饲养管理对成年后奶牛的体型结构和产奶性能起着决定性的作用。

（2）营养需要特点　研究表明，育成牛体重的增加并未引起蛋白质和灰分在比例上的改变，而体脂肪的增加却是明显的，也就是说伴随着生长，热能的需要量比蛋白质的需要量相对增加，这就需要在饲料中增加能量饲料的比例。此外，育成牛的骨筋发育非常显著，在骨质中含有 75%~80% 的干物质，其中钙的含量占 8% 以上，磷占 4%，尚有其他矿物质元素。牛奶中钙、磷含量及比例符合犊牛的需要，而断奶后犊牛的营养需要从饲料中摄取。因此，在饲喂的精饲料中需要添加 1%~3% 的碳酸钙与骨粉的等量混合物，同时添加 1% 的食盐。育成牛生长过程中，只有脂溶性维生素需要在饲料中添加，水溶性维生素则可由育成牛的瘤胃微生物合成。

2. 7月龄至初配育成牛的饲养管理　此期是育成牛在生理上生长速度最快的时期，尤其是 7~9 月龄更是如此，其体躯向高度和长度方面急剧生长，还是性成熟前性器官和第二性征发育最快的时期，尤其乳腺系统在育成母牛体重为 150~300 千克时发育很快。此期，育成牛的日增重应为 0.6 千克，增重不宜过多，使其保持与月龄相当的理想体重，应适当控制能量饲料喂量，以免大量的脂肪沉积于乳房，形成肉质乳房，影响乳腺组织的发育，抑制生产潜力的发挥。在正常饲养管理条件下，母犊牛 7~8 月龄进入性成熟期，部分牛出现爬跨等发情症状。

育成牛的前胃发育很快，容积已扩大 1 倍左右，但仍不能保证消化足够的青粗料来满足机体发育的营养需要。同时，消化器官本身也处于强烈的生长发育阶段，需要继续锻炼其机能。因此，为兼顾机体生长发育的营养需要和消化器官的发育，日粮以优良的青粗饲料和青干草为主，适当补喂少量精饲料。从 9~10 月龄开始，日粮干物质的 75% 来源于青粗饲料，25% 来源于精饲料，为刺激前胃的发育，可掺喂具有一定容积的

秸秆、谷糠类饲料，占青粗饲料的30%~40%。每100千克体重的日粮参考喂量：青贮5~6千克，干草1.5~2千克，秸秆1~2千克，精料1~1.5千克。达到12月龄时，可用尿素代替20%~25%的可消化蛋白质，同时饲喂含无氮浸出物高的根茎类，供给瘤胃微生物利用尿素合成菌体蛋白的能量和碳源。

育成牛以40~50头组成一群，每群牛的月龄差异不超过1.5~2个月，体重差异不超过25~30千克，并根据牛的体况及时调群，防止牛群因摄食不均而发育不整齐。舍饲时，平均每头牛占用运动场的面积应达10~15平方米，使牛充分运动、健康发育。

3.初配至头胎产犊母牛的饲养管理　育成牛的初配依据年龄、体重和发育情况而定，一般14~16月龄配种，或其体重应达到成年母牛70%，如中国荷斯坦牛体重达350~400千克，娟姗牛体重达260~270千克时，进行第一次配种。

国外近年来不断改善育成牛的饲养条件和管理水平，有的初配月龄提前到14月龄，甚至13月龄，大大提高了终生产奶量，增加了经济效益。

育成母牛配种受胎后，生长速度缓慢下降，体躯向宽、深方向发展。其怀孕初期的营养需要与配种前差异不大，日粮以优质青草、干草、青贮、根茎类为主，精饲料少喂或不喂；但怀孕的最后4个月，由于胎儿迅速增大，乳腺准备泌乳而发育加快，应按奶牛的营养需要进行饲养，每天补喂精饲料2~3千克，粗蛋白质维持在13%~15%，增加维生素、钙、磷及微量元素等。

在良好的饲养条件下，母牛极易在体内沉积大量脂肪，使体况评分为肥胖，导致难产或产后综合征等疾病发生。如果营养不良则影响机体发育，成为体躯窄浅、四肢细高的低产牛。控制食盐和矿物质的喂量，可以防止乳房水肿，同时，玉米青贮和苜蓿也要限量饲喂。

在生产实践中，常用体况评分来评价后备母牛饲养管理的好坏，因为体况评分能够充分地反映体内脂肪的沉积情况，是根据膘情调整母牛饲养水平的一个好指标。饲养后备牛要经常检测体高和体重，这是非常重要的，目前国外研究认为后备牛的体高对初次产奶量的影响大于体重。

初次怀孕的母牛需要精心的管理，经常进行牛体刷拭和乳房按摩，使之养成温驯的习性，按摩乳房以促进乳腺发育，为产后挤奶打下基础。乳房按摩在妊娠期的前5个月，每天1次，每次2~3分钟；妊娠5个月以后，每天2次，每次3~5分钟至产前1~2个月停止，以免擦去乳头周围的蜡状保护物，引起乳房炎和乳头坏死。妊娠后期应转入成年母牛舍进行饲养，以适应分娩后饲养环境。运动时要缓慢，防止发生意外流产。临近产前1周进入分娩舍，进行分娩监视护理。

二、奶用母牛的饲养管理

（一）母牛产奶的特点

母牛分娩后进入泌乳—干奶—再分娩—再泌乳的循环阶段。要保证紧密而有规律地循环下去，关键是让奶牛在泌乳早期内再次受孕。奶牛分娩后开始产奶，直到干奶为止称为泌乳期，一般持续280~320天，国际通行标准按305天计算。泌乳期的长短因品种、年龄、胎次、分娩季节和饲养管理条件不同而异。整个泌乳期内产奶量的变化有一定的规律性，将泌乳期内每个月的平均泌乳量绘成曲线称为泌乳曲线。

分析泌乳曲线可知，泌乳早期，产奶量逐渐上升，一般在30~60天内达到泌乳高峰，这一阶段的产奶量往往占整个泌乳期产量的50%。一般高产牛上升幅度大，曲线在高峰期较平稳，下降缓慢。泌乳牛产后泌乳量迅速升高达到最高峰，并在高峰期维持高产的时间较长，泌乳曲线

第三章　牛的饲养管理

较平,则总产量较高。

根据母牛产后不同时间的生理状态、营养物质代谢以及体重和产奶量的变化规律,把泌乳期划分为4个阶段,即泌乳初期、泌乳盛期、泌乳中期、泌乳后期。按奶牛生理阶段和泌乳规律进行分阶段饲养是提高牛群产奶量、增加经济效益的有效方法。

(二)泌乳初期的饲养管理

母牛从分娩到产犊后的21天称为泌乳初期,也称恢复期。

1. 生理特点

(1)产后母牛的特点　体质较弱,消化机能减弱,食欲尚未恢复,有的乳房水肿,乳腺及循环系统的机能还不正常,繁殖机能正在恢复。

(2)能量负平衡　母牛分娩后,产奶量迅速增加。产奶高峰一般出现在

图3-5　产后母牛的饲养

产后4~8周,而最大干物质进食量通常出现在产后10~14周。在泌乳初期如果日粮能量供给不能满足产奶的营养需要,将导致出现能量不足。

2. 饲养管理要点

(1)饲养管理目标　千方百计提高母牛食欲,增加干物质进食量,尽快恢复体质。进入泌乳盛期时保持体况评分不低于3分。

(2)饲养管理要点　产后立即喂益母草红糖汤(温水10千克、麸皮1千克、益母草0.5千克、红糖0.3千克、食盐0.1千克)及适口性良好的饲料,以优质的粗饲料为主。根据奶牛食欲、产奶量及消化情况逐渐

增加精饲料和青贮喂量。精、粗比逐渐达到50：50后向60：40过渡，即"料领着奶走"。在加料过程中，要注意消化器官和乳房的变化情况。如消化不良，粪便稀或恶臭，或乳房水肿迟迟不消，就要停止增加或适当减少精饲料，适当减少多汁料，待恢复正常后，再逐渐增加精饲料。产后母牛不宜饮用冷水，尤其冬季应坚持饮用温水，1周后饮水温度可降至常温。

为了增加乳房内压，减少乳的形成和血钙下降，防止生产瘫痪，高产母牛在产后4~5天内挤奶时，不可挤得过净。产后第1天每次大约挤出2千克，够犊牛饮用即可。第2天挤出全天奶量的1/3，第3天挤出1/2，第4天挤出3/4或完全挤净。每次挤奶时要充分热敷和按摩乳房，促进乳房水肿尽快消失。但对低产或乳房没有水肿的牛，开始就可挤净。挤奶过程中，一定要遵守挤奶操作规程，保持乳房卫生，以免诱发细菌感染而患乳房炎。加强外阴部消毒和对胎衣、恶露排出的观察。保持环境清洁、干燥。夏季注意防暑降温，灭蚊蝇；冬季要保温、换气，加强奶牛运动。

（3）疾病预防

①预防酮病措施 养好干奶牛，保持牛正常体况，防止过胖；临产前供给优质富含蛋白质和碳水化合物的饲料，并注意能量和蛋白质的比例；产后保证有充足的优质粗饲料，促进瘤胃功能尽快恢复，提高采食量，尽可能减少产后能量不足的情况；调养上采用引导饲养法，逐渐增加精饲料的喂量，注意精、粗比例和口粮中钙、磷的含量。

②预防胎衣不下措施 提高干奶后期日粮的蛋白质和能量浓度，保持干奶牛正常体况；干奶后期饲喂阴离子盐添加剂，降低奶牛的DCAD（阴阳离子差，指每千克日粮干物质中主要阴阳离子之间毫克当量之差）；确保矿物质和维生素的数量。

③预防真胃移位措施 养好干奶牛，保持正常体况，防止过胖，提

第三章 牛的饲养管理

高奶牛干物质进食量，加强运动；调整干奶后期日粮的阴离子水平，保证血浆中钙的含量；重视粗饲料和有效纤维的摄入量；产前产后精粗比例逐渐过渡；注意补充矿物质。

（三）泌乳盛期的饲养管理

泌乳盛期是指奶牛分娩后第22天到泌乳高峰期结束，一般为产后22~100天的一段时间，也称为泌乳高峰期。

1. 生理特点　此期奶牛乳房的水肿已消失；体内催乳素分泌且逐渐增加，乳腺机能的活动旺盛，日产奶量逐渐增至高峰值；食欲恢复，但尚未增加到最大采食量；日粮干物质进食量仍然不能满足产奶的营养需要，仍处于能量负平衡状态，奶牛动用自身的体脂来泌乳，此期结束奶牛减重45千克左右。

2. 饲养管理要点

（1）饲养管理目标　此期在保证奶牛健康状况下，尽量克服能量负平衡，想方设法提高产奶高峰值，充分发挥其产奶潜力；确保产奶高峰适时到来并延长高峰泌乳时间，使产奶量达到全泌乳期总产奶量的50%左右；保持奶牛合理的体况（理想的体况评分为2.5~3.0分，不得低于2分），并于产后60~110天配种受孕。

（2）饲养管理要点　最好把头胎牛与成年牛分开集中饲养；过瘦牛集中起来加强饲养。坚持以"料领着奶走"的原则，精饲料增加到产奶量不再上升为止，并持续饲喂一段时间。此期精、粗比不宜超过60∶40。精饲料喂量已经达到体重的2.3%左右。保证舍内舍外有充足清洁的饮水；加强牛舍消毒及挤奶用具的卫生，严格执行规范挤奶操作程序，预防乳房炎的发生；保证足够的运动量。泌乳盛期奶牛营养需要推荐：

DMI占体重3.6%以上　　　CP（%）占DM16%~18%

最低NDF占DM20%~33%　　最低ADF占DM17%~21%

Ca 占 DM0.6%~0.67%　　　P 占 DM0.32%~0.38%

RUP 占 CP35%~40%　　　最高 NFC 占 DM36%~44%

口粮每 1 千克 DM 含 2.3~2.5NND

为了充分提高此期的产奶量、减少能量负平衡，应采取以下措施：

①提高日粮能量浓度　泌乳盛期奶牛体内营养物质处于负平衡状态，体重减轻，常规的饲料配合难以保证产奶的能量需要，通过添加动物性或植物性脂肪，提高口粮中的能量浓度，一般用量为每千克精饲料 60~80 克，为了减少瘤胃内微生物的降解和氨化作用，可以添加脂肪酸钙等保护性脂肪。

②提高饲料过瘤胃蛋白质的比例　泌乳盛期奶牛会出现组织蛋白质供应不足的问题，饲料蛋白质由于瘤胃细菌的降解，到达真胃和肠的微生物蛋白质和一部分过瘤胃蛋白质不能满足机体组织蛋白质的需要量。因此，提高日粮中低降解率蛋白质饲料（鱼粉、血粉等）的比例或采用包被的方法保护蛋白质或氨基酸，以增加进入小肠中可消化吸收氨基酸的数量，在一定程度上解决或缓解组织蛋白质的不足。还可添加经保护的必需氨基酸，如赖氨酸、蛋氨酸、组氨酸等。

③采用"引导"饲养法　按照营养标准满足产奶牛的维持和产奶需要外，再额外补加 NND4~5 千克的饲料。也就是，从奶牛干奶期的最后 15 天开始，直到产奶量达到高峰时，喂给高营养的精饲料，缓解体重下降来提高产奶量。精饲料的供给量随产奶量的增加而增加，达到产奶高峰后精饲料喂量固定下来，等到泌乳高峰过去后再按产奶量、乳脂率和体重等调整精饲料喂量。具体加料方法是：自产犊前 2 周开始，采食量在营养需要的基础上每天增加 0.25~0.45 千克，直到精饲料喂量达到体重的 2.3% 或日粮总干物质的 60% 为止。在整个引导饲养期内，须保证奶牛自由采食优质干草和充足清洁的饮水。

引导饲养法可使母牛瘤胃微生物区系在产犊前得到调整，能够适应

第三章 牛的饲养管理

高精饲料日粮，提高干奶母牛对精饲料的食欲和适应性，同时高产奶牛产前在体内贮备足够的营养物质，为产后大量产奶提供足够的能量。在泌乳初期摄入足够的能量，尽量满足泌乳需要，维持或减缓体重下降，防止因大量产奶而过多分解体内脂肪，发生酮病。引导饲养法还可使母牛在泌乳早期达到产奶高峰，充分发挥奶牛在早期泌乳阶段出现的泌乳潜力，提高整个泌乳期的产奶量。

在实际生产中，并不是所有奶牛对引导饲养法都能良好适应，高产牛群中应该淘汰对此反应不良的个体，低产牛群则不宜应用，否则会导致母牛过肥，反而产生不利影响。对产前乳房水肿特别严重的奶牛慎用。

（3）疾病预防

①预防瘤胃酸中毒的措施　确保日粮精粗比合理，保证一定量的优质青干草，添加缓冲剂。

②预防奶牛发情延迟，安静发情增多，受胎率降低的措施　增加能量和蛋白质的摄入量，使二者的比例保持一定水平；保证日粮中充足的维生素和微量元素。

（四）泌乳中期的饲养管理

泌乳中期一般指奶牛产后 101~200 天。

1. 生理特点　奶牛食欲旺盛，消化机能很强，采食量达到高峰；奶牛处于怀孕早期或中期，体质已经恢复，体重开始增加，发病率很低；泌乳中期仍是稳定高产的良好时机。

图 3-6　产后奶牛

2. 饲养管理要点

（1）饲养管理目标 确保瘤胃内微生物的健康，进而达到奶牛自身和瘤胃健康的目的。恢复体膘，日增重控制在 0.1~0.2 千克，期末体况评分恢复到 2.75~3 分。维持产奶量尽量稳定在高峰期产量或减缓下降速度，一般每 10 天下降在 3% 以内，高产奶牛不超过 2%。产奶量应力争达到全泌乳期产奶量的 30%~35%。

（2）饲养管理要点 仍然采用分群饲养，根据产奶量高低、体况胖瘦、胎次、妊娠时间长短，并结合本场牛群的实际情况进行分群。精饲料喂量以"料跟着奶走"为原则，即随着产奶量的下降而逐渐减少精饲料的喂量。饲喂策略是日粮营养浓度逐渐降低和保持日粮组成相对稳定。供给充足的饮水和保证足够运动。保证正确的挤奶方法和乳房按摩。泌乳中期营养需要推荐：

DMI 占体重 3%~3.5%　　　CP（%）占 DM15%~16%

最低 NDF 占 DM25%~33%　　最低 ADF 占 DM17%~21%

Ca 占 DM0.6%~0.67%　　　P 占 DM0.32%~0.38%

RUP 占 CP30%~35%

最高 NFC 占 DM36%~44%

（3）防止产奶量下降过快的措施 在精粗比合理的情况下，适当保持精饲料的喂量；增加饲喂次数，提高干物质进食量；注意能量和蛋白质的平衡。

（五）泌乳后期的饲养管理

泌乳后期指停乳之前的 3 个月左右时间，通常是产后 201 天至停奶。

1. 生理特点 奶牛处于怀孕后期，胎儿生长发育加快，母牛要消耗大量的营养物质满足妊娠需要，产奶量下降幅度较大。食欲旺盛，消化机能很强，干物质进食量最大，发病率很低。

2. 饲养管理要点

（1）饲养管理目标　确保奶牛自身和胎儿健康。逐渐恢复体膘，日增重达 0.5~0.7 千克，体况评分恢复到 3~3.5 分。减缓产奶量的下降，每个月下降幅度控制在 10% 以内。保胎防流。

（2）饲养管理要点　根据产奶量高低、体况胖瘦、胎次、妊娠时间长短，并结合本场牛群的实际情况进行分群。精饲料喂量以"料跟着奶走"为原则，即随着产奶量的下降而逐渐减少精饲料的喂量，粗饲料与干物质的比例为 40∶60。饲喂策略是日粮以粗饲料为主，粗饲料的比例占干物质进食量的 60%；还要考虑胎儿的营养需要。泌乳后期营养需要推荐：

DMI 占体重 3%~3.2%　　　CP（%）占 DM13%~15%

最低 NDF 占 DM25%~33%　　最低 ADF 占 DM17%~21%

Ga 占 DM0.6%~0.67%　　　P 占 DM0.32%~0.38%

RUP 占 CP25%~30%

最高 NFC 占 DM36%~44%

为提高全泌乳期总产奶量，不宜过早停奶。泌乳后期是饲料转化体脂效率最高的时期，因为母牛体重增加量高于泌乳中期，泌乳初期损失的 30~50 千克体重，应尽量在泌乳中期和后期得到恢复。在管理上采取保胎措施，防止流产，及时进行干奶。

（3）易出现的问题和解决的措施

①过胖　降低日粮的能量浓度，控制精饲料和青贮玉米的饲喂量。

②过瘦　检查日粮配方，提高精饲料的能量浓度和数量；增加优质的粗饲料；加强疾病的预防。

③产奶量下降过快　产奶量在 10 天内的下降幅度超过 3%。解决措施同泌乳中期。

（六）干奶母牛的饲养管理

1. 逐渐干奶法 逐渐干奶法是用 1~2 周的时间使奶牛的泌乳活动停下来。此法需要时间较长，适用于高产奶牛和有乳房炎病史的奶牛。在预期停奶前 10~15 天开始变更饲料组成，逐渐减少精饲料和多汁饲料的喂量，增加干草喂量，控制饮水量，停止按摩乳房，改变挤奶的次数和时间。减少挤奶次数，由正常每日 3 次挤奶改为 2 次到 1 次，再由原来的每日挤奶改为隔 1 日、2 日。每次挤奶必须完全挤净，当产奶量降至 4~5 千克时，即停止挤奶。

图 3-7　干奶母牛

2. 快速干奶法 从进行干奶之日起，在 3~5 天内使泌乳停止，一般多用于中低产牛。从干奶的第 1 天开始，适当减少饲料，停喂青绿多汁饲料，控制饮水，减少挤奶次数和打乱挤奶时间，如从开始干奶第 1 天起，先挤 2 次，第 2 天挤 1 次，以后隔日挤 1 次，使产奶量显著下降，即可停止挤奶。

无论采用哪种干奶方法，最后一次挤奶都应将乳汁完全挤净后，立即用酒精进行乳头消毒，然后将含有长效抗生素的干乳膏分别注入 4 个乳头内，封闭乳头孔，可有效防止乳房炎的发生和避免瞎乳头。约 10 天后乳房收缩变软，干奶结束。

3. 干奶期的饲养管理 干奶期可分为干奶前期和干奶后期。干奶前

期指停止泌乳到临产前 22 天。干奶后期指临产前 21 天。

（1）干奶前期饲养　干奶前期奶牛的饲养根据体况而定，对于营养状况较差的高产母牛应提高营养水平，使其在干奶前期的体重比泌乳盛期时增加 10% 左右，从而达到中上等膘情，体况评分以 3.5 分为宜。日粮以粗饲料为主，应占体重的 1% 以上，控制块根、青绿饲料的比例，糟渣类、多汁类饲料每头每日量不超过 5 千克；精饲料供给量根据粗饲料品质及体况调整，一般每头每日 3~4 千克。干物质进食量占体重的 1.8%~2.5%，一般为 12~13 千克，粗饲料占干物质的 60%~95%。青粗饲料占干物质的 10%~20%，粗蛋白质占干物质的 12%~13%。防止食盐喂量过高。

（2）干奶后期饲养　为避免干物质进食量的下降和能量负平衡情况的出现，应采取以下措施。

①瘤胃功能调整　由于干奶前期奶牛以粗饲料为主，瘤胃纤毛小于 0.5 厘米，需要 4~6 周的时间才能长到 1.2 厘米以适应高精料的饲养，因此从分娩前 3 周起必须逐渐提高精饲料的喂量，来调整瘤胃的功能，但最大喂量不得超过体重的 1.2%。增加精饲料一方面提高了日粮的营养浓度，另一方面可改变瘤胃内微生物的种类，以便能发酵高能日粮和刺激瘤胃内壁乳头状凸起来增加内壁表面积，防止分娩后代谢障碍。可利用酵母、酶等微生物制剂来促进瘤胃的纤维消化，稳定瘤胃环境和 pH。

②合理的营养组成　以优质粗饲料为主，粗饲料占干物质的 60%~80%，粗蛋白质占干物质的 14%~16%，注意矿物质的平衡，控制食盐的喂量，确保维生素的数量。

③日粮中添加阴离子盐　在分娩前的 3 周，补饲阴离子盐，把 DCAD＝[（Na^+＋K^+）－（Cl^-＋S^-）] 调整到 －100~－150meq／千克 DM（干奶后期常规日粮中 DCAD 值通常为 50~300meq／千克 DM）。可以防止低血钙的发生，从而降低产后瘫痪、真胃移位、胎衣不下、子宫

内膜炎和乳房炎的发病率。

（3）干奶期管理

①保证饲料品质及饮水卫生。要保持饲料的新鲜和质量，严禁饲喂发霉、变质冰冻饲料。同时注意饮水卫生，冬季不可饮过冷的水，水温不得低于10℃，否则容易引起流产。

②保持安静卫生的生活环境，保证胎儿正常发育和顺利分娩。

③夏季注意防暑降温，提供足够的饲槽空间，创造条件增加牛的采食量，必要时提高日粮浓度。

④坚持适当运动。母牛运动时，必须与其他牛群分开，以免互相顶撞造成流产。每天运动2~3小时，产前停止运动。这样有利于分娩，预防产后胎衣不下、瘫痪及肢蹄病等。

⑤加强皮肤刷拭，保持牛体清洁。母牛在妊娠期代谢旺盛，每天刷拭可以促进血液循坏，有利于保胎。

⑥做好乳房按摩，促进乳腺发育。一般干奶期10天后开始乳房按摩，每天1次，产前出现乳房水肿的牛（经产牛产前15天，初产牛产前30~40天）应停止按摩。

三、肉牛的饲养管理

（一）肉牛生长的一般规律

肉用牛的产品主要是肉及副产品，须了解其生长规律，充分利用生长特点，以生产数量多、品质好的产品。

1. 体重的增长　增重受遗传和饲养两方面的影响。增重的遗传力较强，据估计断奶后增重速度的遗传力50%~60%，是选种的重要指标。营养水平对肉牛生长发育影响也很大，营养水平低就不可能发挥遗传潜力，

第三章 牛的饲养管理

使生长受阻。在满足营养需要的前提条件下，牛的体重呈渐进直线式曲线增长。

图3-8 肉牛

在充分饲养的条件下，12月龄以前的肉牛生长速度很快，以后明显变慢，近成熟时生长速度很慢。生长快的牛在饲料利用效率方面比生长慢的牛要高（用于维持需要的饲料，日增重0.8千克的犊牛为47%，日增重1.1千克的犊牛只有38%）。在生产实践中应注意以下几方面。

（1）在牛快速生长时期（12月龄前）应充分饲养，以发挥增重效益。

（2）在体重达到体成熟（成年体重的70%左右）即行屠宰，充分利用了牛一生中生长速度最快的阶段，这是最经济的。初生重与遗传、孕牛管理、妊娠期长短有直接关系，初生重与增重、断奶重均呈正相关，是选种的主要指标，但初生重高导致难产率的提高，所以断奶重便成为选种的主要指标。

2.牛体组织的生长 牛体组织的生长直接影响体重、外貌和肉的品质，现着重介绍肌肉、脂肪、骨组织的生长特点。

(1) 肌肉、脂肪、骨的一般生长形式

肌肉生长的速度和时期与肌肉的功能和使用情况密切关系，如桡骨伸张肌为分布在臂骨的主要肌肉，其功能主要是保证犊牛哺乳活动和运动，因而出生前生长快，出生后生长缓慢。腹外斜肌为腹壁外的肌肉，随消化道的发育加快生长速度，并有粗饲料比例高的日粮较粗饲料比例低的日粮生长快的情况。颈夹板肌在公牛进入性成熟后生长很快。母牛和阉牛的颈夹板肌在各个时期都匀速生长。

脂肪生长速度在初生到一岁间比较缓慢，以后加快，其生长速度加快的顺序为：网油—板油—皮下脂肪—纤维束间脂肪。因而要使肉质变嫩，适口性增强，国外一般到体重再无法增加时即屠宰。

初生犊牛骨已能负担体重，四肢骨的相对长度比成年牛高，以保证出生后跟随母牛哺乳，出生后骨的增长一直保持平缓增长。

由上可见牛体组织占胴体的比例，随年龄的增长有很大变化。肌肉在胴体中的比例先增加而后下降，脂肪比例持续增加，骨的比例持续下降。

(2) 牛体组织在生长中的变化

①成熟性不同的牛体组织在生长中的变化。早熟品种在体重较轻时，就能达到成熟年龄的体组织比例，因而有较早的肥育年龄；晚熟品种则相反。例如，早熟的安格斯牛断奶后饲养 153 天胴体脂肪比例较晚熟的品种夏洛来牛断奶后饲养 190 天时还要高。

②不同性别牛的体组织变化。公牛肌肉较多，脂肪较少，脂肪生成较晚，骨稍重，前躯肌肉发达。阉牛肌肉较少，脂肪较多，脂肪生成较早，骨轻，前躯肌肉较差。阉牛和公牛相比，不仅胴体脂肪比例高，内脏脂肪（阉牛占活重 7.5%，公牛占活重 5.09%）、皮下脂肪和肌肉间脂肪比例（阉牛占活重 4.26%，公牛占活重 2.82%）也高。

(3) 体组织与屠宰率 体重与屠宰率在同一品种内，正常饲养条件下，一定体重范围内，体重越大，屠宰率越高，因为体重越大则肌肉和脂肪越能得到充分生长，这也是国外肉牛育肥中饲养大体重肉牛的原因之一。

（4）肥度与屠宰率　体重相同的情况下，肥度越高屠宰率越高。

（5）品种特性与屠宰率　不同品种牛的屠宰率各有差异，因此杂交后代的屠宰率也有所不同。如对几种肉用牛杂交后代测定：利杂一代为53.15%，西杂二代为54.97%，秦杂一代为51.6%。因此在饲养肉用杂种牛时应进行品种选择。

（6）体重损失和恢复时体组织的变化　生产中经常见到，在粗放放牧饲养条件下，冬季体重下降，青草期恢复体重继续增重。一般认为当体重损失时首先是脂肪减少，而后是肌肉，最后死亡。但事实并非如此，各种体组织重量的下降大体是同时发生的，其中肌肉重量的损失比想象的要大，对生命较重要的肌肉损失较少，不重要的肌肉损失较多。而当体重开始恢复时，肌肉组织的恢复最快。据测定，每增加1千克脂肪便增加3千克肌肉，但这时肌肉所含水分较多。因脂肪在生命活动中不占重要地位，所以恢复较慢。

（二）影响肉牛生产性能的因素

影响肉牛生产性能的因素很多，归纳起来有以下几个方面。

1. 品种和类型　不同用途的牛和不同品种的牛产肉性能差异很大，品种和类型是影响肥育效果的重要因素。肉用牛比肉乳兼用牛、乳用牛

图3-9　不同品种的肉牛

和役用牛能较快地结束生长，因而能早期进行育肥，提前出栏，节约饲料。肉用牛还能获得较高的屠宰率和胴体出肉率，肉的质量也好，胴体中所含不可食部分（骨和结缔组织）较少，能够较均匀地在体内贮积脂肪，使肉形成大理石纹状，因而肉味鲜美，质量高。其屠宰率在肥育后为60%~65%，高者达68%~72%，而兼用品种牛为55%~60%，肉乳兼用的西门塔尔牛为62%，乳用品种牛未育肥为35%~43%，育肥后为50%。

役用品种牛未经育肥和育肥后各品种牛的差异也很大。据报道，老残牛屠宰率为55.11%~57.19%，南阳牛为42.5%，秦川牛为41.78%，甘肃黄牛一般为40%，改良后可达50%以上。改良后的西黄F1代、利西黄、短西黄、西黄二代，18月龄开始育肥，经80天后，屠宰率分别为54.21%、56.06%、54.78%和55.58%。

同一品种或类型中不同体形结构的牛产肉性能也会不同。

2. 年龄 年龄不同，屠体品质也不同，幼龄牛肉纤维细嫩，水分含量高（初生犊牛水分含量70%以上），脂肪含量少，味鲜、多汁，随年龄增长，纤维变粗，水分含量减少（两岁阉牛胴体水分为45%），脂肪含量增加。不同年龄牛的肉售价有很大差异。

年龄不同增重速度不同。生后第一年肉质器官和组织生长最快，以后速度减缓，而第二年的增重为第一年的70%，第三年为第二年的50%，因此肉牛以一岁最多不超过两岁屠宰为好。同时幼牛维持消耗少，单位增重耗饲料少，饲料利用率高。体重的增长主要是肌肉、骨骼和各器官的生长。而年龄大的牛则相反，体重增长主要靠脂肪沉积，其热能消耗约为肌肉的7倍。因此幼牛的育肥较老年牛更经济。

3. 性别 性别对体型、胴体形状和结构、肉的品质、胴体肥度都有很大的影响，消费者喜好上有差别，国外商业价格也有较大差异，因此往往将肉用牛按性别和大小分为5类。

阉小公牛——早期去势公牛，在性成熟前未表现公牛特征时去势的公牛。这是市场供应最多的牛。阉大公牛——已表现雄性特征和性成熟后去势的公牛。公牛——未去势的公牛。小母牛——没有怀孕或处于怀孕期尚未发育结束的母牛（适于短期育肥，可早结束发育，提早上市）。母牛——已分娩一胎或一胎以上，以及初胎怀孕后期已结束发育，具备成年母牛形态的牛。育肥为脂肪堆积较一岁牛增加50%~100%，只适于短期育肥上市。

性别不同，增重速度不同。公牛增重速度最快，阉牛次之，母牛最低。育成公牛和阉牛相比，生长率高（8%~7%），饲料报酬较高（生长1千克所需饲料低12%），眼肌面积大，胴体瘦肉含量多，最佳屠宰体重高（6%~10%），达到相同胴体质量时活重较大，屠宰率高，脂肪少，可食肉比例高，因而商品价格高。国外提倡育肥公牛，但公牛肉质不及阉牛肉质好。

母牛和阉牛、公牛的肉质相比，肌纤维细嫩，结缔组织少，肉味好，易育肥；但缺点是育肥生长速度慢，易受发情干扰。在育肥时可采用育肥后期放入公牛配种使之怀孕或摘除卵巢以消除发情干扰。淘汰母牛和老龄母牛育肥时肉质差，增重多为脂肪，成本高，但可以充分利用粗饲料各种残渣，相对节约开支，育肥期不宜过长，体型较为丰满时即时屠宰最适宜。

4. 饲养水平和饲养状况 饲养水平和饲养状况是提高产肉量和肉品质的最主要因素，正确地进行饲养，组织安排放牧育肥和舍饲育肥是肉牛生产的决定性环节。试验证明，饲养丰富的幼年阉牛，比饲养贫乏的牛体重、胴体重、肉和油脂产量等都高1倍多。另外，正确的组织放牧和利用草场，100~150天能增加体重100~150千克，幼牛体重增加60%~70%，成年牛体重增加40%~50%。

5. 环境条件 良好的环境条件和肥沃的土地可以生产丰富优质的牧草，减少牛的维持需要从而提高牛的产肉性能，提高肉的品质。而低温、山地和劣质草场则往往限制牛的生产性能。据英国肉类专家和家畜委员会统计，在海拔 3000 米以上未经改良草场的阉牛和母牛 200 日龄体重分别比海拔 100 米以下围栏人工草场地区的牛体重低 54 千克和 47 千克，各种杂种牛 200 日龄优势体重减少 9.1 千克。据此他们认为环境的影响超过品种的影响。由此可见在肉牛生产中创造良好的饲养管理条件是十分必要的。

6. 杂交 杂交可以产生活力、适应性、生长发育、产肉性能等方面的杂种优势，肉牛生产中已广泛利用经济杂交提高产肉性能。苏联曾研究了 100 多个品种间的杂交方法，产肉性能比纯种提高 10%~15%。美国的试验证明杂种牛比纯种牛多产肉 15%~20%，三品种杂交又比两品种杂交多产肉 5% 左右。

7. 双肌肉的发育 近年来在肉牛的选种工作中对肌肉的发育都很重视，双肌是对肉牛臀部肌肉过度发育的形象称呼。早在 200 年前已发现牛的肌肉发育有双肌现象，在短角、海福特、夏洛来等品种中均有出现，目前在夏洛来牛中最多，公牛较母牛多。双肌有如下特点：

（1）以膝关节为圆心至臀端为半径画一圈，双肌的臀部外缘正好和圆周吻合，但非双肌的牛的臀部外缘则在圆周以内。双肌牛由于后躯肌肉特别发育，因此

图 3-10　夏洛来牛

第三章 牛的饲养管理

能看出肌肉间有明显的凹陷沟痕，行走时肌肉移动明显且后腿向前向两外侧，尾根突出，尾根附着向前。

（2）双肌牛沿脊柱两侧和背腰的肌肉很发达，形成"复腰"，腹部上收，体躯较长。

（3）肩区肌肉较发达，但不如后躯，肩肌之间有凹陷。颈短较厚，上部呈弓形。

双肌牛生长快，早熟。双肌的特性随牛的成熟而变得不明显。公牛的双肌比母牛的明显。双肌牛胴体的特点是：脂肪沉积少而肌肉多。据测定，双肌牛胴体的脂肪比正常牛少3%~6%，瘦肉多8%~11.8%，骨少2.3%~5%，个别双肌牛的肌肉可比正常牛多20%。

双肌牛的主要缺点是繁殖力差，怀孕期延长，难产多。

8. **育肥程度** 育肥程度也是影响牛肉产量和质量的首要因素。只有育肥程度好的牛，才是体重大和售价高的牛，肉产量高和质量好的牛，胴体的高等级比例和优质切块比例高的牛。

9. **育肥牛源** 牛的选择主要侧重于品种、年龄和体型外貌。由于我国目前还无专用的肉牛品种，因此，应结合实际情况，着重考虑以下几点。

（1）种类 我国肉牛主要指普通牛及其改良牛，其中包括各地方的黄牛品种，还有牦牛及其杂种。根据各地的生产经验，西门塔尔牛改良我国地方品种牛，产奶产肉效果都好；利木赞牛可使杂交牛肉的大理石花纹明显改善；夏洛来牛的杂交后代生长速度快，肉质好。从杂种代数看，杂种1代育肥效果好。从品种组合来说，三元杂交组合所生后代，比二元杂交组合所生后代育肥效果好。土种牛育肥效果较差。

（2）年龄 肉用牛的育肥年龄有幼牛、成年牛、老龄牛。幼牛包括犊牛、周岁牛、1.5~2岁牛。乳犊育肥很少，1~1.5岁的幼年牛育肥效果最好；成年牛以2~3岁的育肥效果最好，4~8岁较好，老龄牛为8岁以上，只要体质健壮，短期催肥，效果也较明显，但肉质较差。一般要求年龄越小越好，因为牛在2周岁以前，骨、肉、内脏增长较快，饲料转化率高，生长周期短；年龄大的牛，增长较慢，增重效果全靠脂肪积累，因此，老龄牛进行育肥，应尽量缩短时间，早出栏，早屠宰。

（3）体型外貌　对专用型的肉牛，一般要求体躯高大，肩、背、腰、尻部长、宽、平，体躯深度大，头颈短厚，垂肉发达，身躯宽广，大腿丰满，四肢端正、结实，总的看体躯近似长方形。犊牛生长早期，如果在后肋、阴囊等处就沉积脂肪，则表明其不可能长成大型肉牛。一般大骨架的牛比较有利于肌肉着生。青年阶段体格较大而肌肉较单薄，这类牛将比体格小而肌肉厚实的牛更有生长潜力。生长期，如牛的肩胛、颈、前胸、后肋部，以及尾根等部位，形态清晰，宽而不丰满，则说明有育肥前途。

（三）肉牛育肥技术

1. 肉牛育肥总体要求

（1）选购体型外貌和肉用性状明显的皮埃蒙特、夏洛来、利木赞等品种及其杂种肉牛牛犊或架子牛分阶段育肥：犊牛（3~6月龄）、幼龄牛（6~12月龄）、架子牛（12~24月龄）。

（2）贮备充足的饲草料　按头均日摄食干草（氨化麦草、青贮玉米秸、苜蓿青干草等）3~10千克，配合饲料1.5~4千克贮备。

图3-11　皮埃蒙特牛

（3）饲草料的加工调制　麦草经氨化处理，玉米秸秆青贮，青干草晾干后及时贮存在草棚内，防止雨淋暴晒。各类饲料喂前除去尘土、铁丝、玻璃、碎石等杂物。

（4）饲喂及饮水　日喂两次，早晚各一次，间隔12小时，使牛有充足的反刍及休息时间。饲喂顺序先粗后精，先干后湿，少喂勤添。草拌料时，应冬拌干，夏拌湿，不喂霉烂变质的饲草料。每天饮水2~3次，夏天饮水3~4次，冬天水温应在0℃以上。

（5）棚圈要向阳、干燥、通风，每头成年牛占地3平方米，舍内设饲槽，舍外设遮阳、拴系的场地和饮水槽。

（6）保持圈舍、用具清洁卫生　每天清理棚圈内外粪便；舍内外用具每半月左右用0.3%的来苏尔（煤酚皂溶液）消毒；饲槽喂前彻底清扫干净，每周用2%~3%的火碱（氢氧化钠）水溶液消毒一次；水槽勤换水，及时清洗。每天刷拭牛体1~2次。

（7）限制运动量　育肥阶段牛要安静少动，尽量创造利于反刍和休息的环境，拴系牛只的绳子要短，只需上下站立，不需左右摇摆游动。

2. 育肥牛的饲养管理

（1）犊牛（3~6月龄）的育肥　此阶段为犊牛刚断奶，瘤胃内微生物尚未发育完全，纤毛虫仅为65.9万个/毫升，所以须特别注意其营养补给，加强饲养管理。首先对入舍犊牛进行编号登记，做好生产记录。每天供给以苜蓿等优质青干草或优质青绿饲料为主的粗饲料，自由摄食，少给勤添，控制氨化麦草饲喂量，头均日饲喂量0.5千克，粗饲料饲喂比例为：氨化麦草、青干草和玉米青贮1∶2∶1。头均日喂精饲料1.5~2千克，分3次喂给。每天饮水3~4次。犊牛饲料配方：小麦麸20%、次粉10%、豆粕6%、芝麻饼10%、炒大麦50%、骨粉2%、磷酸钙1%、食盐1%。在育肥前要对所有牛只实施体内外寄生虫驱治，灌服健胃散、人工盐1~2次。

(2)幼龄牛(6~12月龄)的育肥 此阶段牛的瘤胃微生物区系发育基本健全,对粗饲料的利用率较高,是骨骼发育的主要阶段,应供给苜蓿等优质青绿饲料或优质青干草,搭配氨化麦草、青贮玉米秸秆等粗饲料,饲喂比例为:氨化麦草、玉米青贮和秸秆2:1:1。实行限量饲喂,每头日喂粗饲料4~6千克、精饲料2.5~3千克,日喂2次,间隔12小时,日饮水2~3次。

精饲料配方:玉米42%、麸皮30%、豆粕10%、芝麻饼15%、骨粉2%、食盐1%。此外,对所有入舍牛进行分组编号,做好生产记录。驱治体内外寄生虫,灌服健胃散、人工盐2~3次,每月称重一次。

(3)架子牛(12~24月龄)的育肥 此阶段牛只生长发育较快,需要供给一定量的蛋白质、矿物质和维生素饲料,以粗为主,以精为辅。粗饲料以苜蓿、毛苕子等优质青干草或青绿饲料最好,氨化麦草和青贮玉米亦可。精饲料按营养标准合理配制。期间实行限量饲喂,每天每头喂精饲料3~3.5千克、粗饲料7~8千克,其比例为氨化麦草、玉米青贮和青干草2:2:1。日饲喂2次,间隔12小时,日饮水2~3次,每月称重一次。

精饲料配方:玉米50%、麸皮30%、芝麻饼18%、食盐2%。

(4)催肥阶段的饲养 此阶段为3~4个月,期间平均每天饲喂精饲料3.5~4千克、粗饲料9~10千克,其比例为氨化麸草、玉米青贮、青草干2:2:1。日喂2次,间隔12小时,饮水2~3次,先喂草拌料,再喂青贮。

精饲料配方:玉米60%、麸皮18%、芝麻饼18%、食盐2%、添加剂2%。

四、种公牛的饲养管理

种公牛在牛群中,尤其对奶牛、肉牛生产而言,所占比例甚小,但对养牛业的发展,对生产效率与生产效益的影响,是任何母牛不能比拟的。

由此可见,搞好种公牛饲养管理的重要性。

(一)种公牛的饲养

日粮的营养水平、饲料的搭配及饲养方法等,是影响种公牛精液品质的重要因素之一。喂给种公牛的饲料应含有全价营养,各种养分要完善。

图3-12 种公牛

特别是饲料中应含有足够的蛋白质、矿物质和维生素。这些营养物质对精液的生成与精液品质的提高,以及对种公牛的健康均有良好的作用。给予蛋白质的生物学价值要高,若蛋白质不足会影响精液品质,但过多也会影响公牛的生殖力。据报道,在蛋白质特别丰富的牧地上放牧(蛋白质占干物质的35%),反而造成公牛不育。因此喂给公牛的蛋白质量应适当,在配种任务繁重的季节,每个燕麦单位(燕麦单位为苏联的饲料单位。1个燕麦单位=1千克燕麦所含净能=5.91兆焦)应含可消化粗蛋白质130~145克,中等配种量为120~125克,休闲时为100克。公牛日粮内钙、磷不足会使精液发育不良,活力不强的精子数量增加。成年公牛对钙、磷的需要量没有泌乳母牛多,特别是钙的给量过多会引起疾病,如给予公牛的钙超过需要量的3倍时,公牛就可能发生脊椎骨关节强硬

和变性关节炎。公牛对磷也很需要,若饲料中含磷少则必须补磷。食盐对促进公牛消化机能、增进食欲和正常代谢均很重要,但喂量不宜过多。维生素 A 对满足公牛的营养需要特别重要,若长期缺乏会引起睾丸上表皮细胞角质化。锰不足则会造成睾丸萎缩。因此,应保证维生素 A、维生素 D、维生素 E 和锰的供应。

为了保证种公牛的营养需要,日粮组成应多种多样,品质好,适口性强,易于消化。青、粗、精搭配适当,全年均衡供给。精饲料应由生物学价值高的麦麸、玉米、豆饼、燕麦等 4 种以上的籽实类、饼粕类饲料组成,精饲料喂量可占总营养的 40%~50%。豆饼虽是喂公牛较好的精饲料,但不宜多喂,过多会产生大量有机酸而不利于精子的生成。碳水化合物含量高的饲料(如玉米等)用量要少,以免造成种公牛的膘情过肥。种公牛的日粮中还应有一定量的动物性蛋白质,每日可喂鱼粉、血粉、生鸡蛋等 50~400 克,冬季饲喂胡萝卜 3~4 千克,小麦胚或大麦胚 300~400 克,以补充维生素。干草和青草是种公牛最好的粗饲料,一般按每天每 100 千克体重饲喂干草 1 千克,块根饲料 1 千克,青贮料 0.5 千克,精饲料 0.5 千克;或按每天每 100 千克体重喂给 1 千克干草,0.5 千克混合精饲料。河南省种公牛站按每头种公牛每日喂给混合精饲料 4 千克,野干草 13 千克,青贮料 2.5 千克,胡萝卜 1.5 千克,大麦芽 0.5 千克,常年补给食盐 80 克,骨粉 100 克。按规定定额饲养时,如见公牛过肥则应降低定额;反之,若公牛活重减轻,精液品质降低,应将饲养定额提高 10%~15%。

育成公牛比同龄的育成母牛需要较多的营养物质,除给予充足的精饲料外,还应让其自由摄食干草。10 月龄时可将干草、青草、青贮料作为日粮的主要部分,精饲料喂量应依据粗饲料质量而定。对 1 周岁的育成公牛,在饲喂优质粗饲料的情况下,精饲料中蛋白质含量以 12% 为

适当。

给予种公牛的饲料容积不能过大，以免腹部增大有碍配种及精液排泄不尽。每日青草喂量应在30千克以内，块根或青贮料的日喂量不能超过10千克。特别是青贮料含有大量有机酸，喂饲过多不利于精子的生成。糖渣类饲料含水分多，亦不宜大量饲喂。用大量秸秆喂公牛易引起便秘，抑制公牛的性活动。此外，也不能用腐败变质的饲料喂公牛。

饲喂公牛应定时定量，一般每天喂3次。公牛饮水应充足，冬季日喂水3次，夏季4~5次，水要清洁。饮水应在喂饲料和工作前给予，工作和配种后不能立即饮水。

（二）种公牛的管理

1. 拴系与牵引 公犊在断奶前戴上笼头牵引，10~12月龄应穿鼻戴上鼻环。自小就应每天做牵引运动，多加接近，使小公牛早期性情温顺。

2. 运动 公牛如果运动不足或长期拴系，会变肥，性情变坏，精液品质下降，以及产生消化道和四肢疾病。公牛运动量安排一般每天上下午各1次，每次1.5~2小时，行走距离约4千米。

3. 刷拭 每日应刷拭2次，角间、头颈、额顶等必须细致刷拭，因这些部位易积尘土，使皮肤发痒，容易形成顶人恶习癖。在夏季应进行洗浴。

4. 护蹄 公牛蹄形不正，不但影响健康，还影响交配。因此，必须定期修剪、矫正蹄形，经常保持牛舍、运动场及牛蹄的清洁干燥。

5. 性情调教 种公牛性情的好坏直接影响其利用效果。针对公牛记忆力强、有较强的自卫性等生理特性，调教公牛宜从幼牛开始，饲养员通过抚摸、刷拭等活动与其建立感情，不要鞭打，不要随便更换饲养员。

第四章 常见牛病的防治

一、牛常用的疫苗

各养牛场应根据该场、该地区疫病发生的种类、季节和流行规律,制定科学的免疫程序,适时接种疫苗,这是预防牛传染性疾病的有效措施。使用疫苗接种时,要预先对牛只进行检查,并严格按照说明要求进行,不得随意改变用法、用量。以下是牛的几种常见疫病预防用疫苗供参考。

(一)口蹄疫弱毒疫苗

用于预防牛、羊口蹄疫。方法及用量:皮下或肌注。牛:1~2岁1毫升,2岁以上2毫升。羊:4~12月龄0.5毫升,12月龄以上1毫升。牛1岁以下,羊4月龄以下不注射。生效期14天。免疫期4~6个月。2~5℃保存时间5个月;–18~–12℃ 8个月。

图4-1 注射疫苗

(二)牛出血性败血病氢氧化铝菌苗

用于预防牛出血性败血病。方法及用量:皮下注射,体重100千克以下4毫升,100千克以上6毫升。生效期21天。免疫期9个月。28℃

保存时间 3 个月；2~5℃ 6 个月。

（三）牛肺疫弱毒疫苗

用于预防牛肺疫。方法及用量：氢氧化铝苗肌注，大牛 2 毫升，6~12 月龄 1 毫升；盐水苗皮下注射，大牛 1 毫升，6~12 月龄 0.5 毫升。生效期 21~28 天。免疫期 1 年。2~15℃保存时间 6 个月。

（四）气肿疽菌苗

用于预防气肿疽。方法及用量：大牛、小牛皮下注射 5 毫升，6 个月以下小牛在年龄达 6 个月时再注射 1 次。羊皮下注射 1 毫升。生效期 10~20 天。免疫期约半年。保存视瓶签说明进行处理。发病地区，每年春、秋两季用气肿疽菌苗预防注射；同群其他牲畜要进行预防注射。

（五）破伤风明矾沉淀类毒素

用于预防破伤风。方法及用量：大家畜皮下注射 1 毫升，幼畜皮下注射 0.5 毫升，注射于颈部中央 1／3 处。注射后 1 个月产生免疫力。注射后免疫 1 年。一般发病后及时注射破伤风苗，早治为好。

（六）牛瘟兔化弱毒疫苗

用于预防牛瘟。方法及用量：血液苗或淋脾组织苗（1∶100）无论大小牛一律肌内注射 2 毫升，冻干苗按瓶签规定方法稀释使用，适用于黄牛、水牛和乳牛预防注射。注射后微有反应或无反应（对牛适用牛瘟绵羊化兔化弱毒疫苗）。生效期 1 年以上。按制造及检验规程就地制造疫苗使用。

（七）牛肺疫兔化弱毒疫苗

用于牛肺疫的预防。方法及用量：氢氧化铝苗采用臀部肌注，大牛 2 毫升，6~12 月龄的小牛 1 毫升。盐水苗在尾尖皮下（距尾尖 2~3 厘米）注射，大牛 1 毫升，6~12 个月龄的小牛 0.5 毫升。该疫苗仅限于疫区及受威胁区内使用。注射后 3~4 周产生免疫力，免疫期 1 年。

二、牛的常见疾病

（一）牛流行热

牛流行热是由牛流行热病毒引起牛的一种急性、热性传染病。其临床特征为高热、流泪、泡沫样流涎、呼吸促迫、后躯麻痹。

该病广泛流行于非洲、亚洲和大洋洲。我国也有该病的发生和流行，而且分布面广，对乳牛的产乳量有明显的影响，给养牛生产带来严重的经济损失。

【病原】牛流行热病毒又名牛暂时热病毒，属弹状病毒科、暂时热病毒属的成员，呈子弹形或圆锥形。病毒存在于病牛的血液、脾、淋巴结、肺和肝等脏器中。病毒对氯仿、乙醚敏感。这种病毒耐寒不耐热，对低温稳定，对酸、碱均敏感。

【流行规律】该病主要侵害奶牛和黄牛，水牛很少发病。以3~5岁牛多发，犊牛及9岁以上牛很少发生。产奶量高的母牛发病率高。病毒的传染源为病牛。自然条件下传播媒介可能为吸血昆虫，因其流行季节为很严重的吸血昆虫盛行时期，吸血昆虫消失流行即终止。

该病的发生有明显的季节性，主要于蚊蝇滋生的夏季流行，北方于7~10月流行，南方稍提前发生，多雨潮湿容易流行本病。本病的发生有明显的周期性，3~5年流行一次，一次大流行之后间隔一次较小的流行。本病的传染力强，传播迅速，短期内可使很多牛发病，呈流行性或大流行性。

【临床症状】该病的潜伏期3~7天。特征是突然发病，体温升高至41~42℃，持续1~3天后，降至正常。牛在发热期呼吸急促（50~70次/分钟，

有时可达 100 次／分钟以上），精神沉郁，食欲减退，全身战栗、流涎、流泪、流涕、反刍停止、泌乳量减少以至停止。病牛不爱活动，常站立不动，强迫运动时步态不稳，尤其后肢抬不起来，常擦地而行。四肢关节可有轻度肿胀与疼痛，以致发生跛行，甚至卧地不起。妊娠母牛可发生流产、死胎。

该病大部分病例呈良性经过，病程 3~4 天，很快恢复。

【病理变化】上呼吸道黏膜充血、肿胀、点状出血，气管内充满大量泡沫状的黏液；肺显著肿大、水肿或间质性气肿。肺气肿的肺高度膨隆，间质增宽。肺水肿病例胸腔积有大量暗紫红色液体，两侧肺肿胀，内有胶冻样浸润，肺切面流出大量暗紫红色液体。全身淋巴结充血、肿胀或出血；真胃、肠黏膜有卡他性炎和出血。

【诊断】根据流行特点，结合病牛临床上的表现特点，不难作出诊断。

但确诊该病还要做病原分离鉴定，或用中和试验、补体结合试验、琼脂扩散试验等进行检验，必要时采取急性期的病牛血液做病毒分离、鉴定。

鉴别诊断：该病应注意与牛病毒性腹泻、牛传染性鼻气管炎等相区别。

【防控方法】迄今，牛流行热无特异疗法。为恢复健康，阻止病情恶化，防止继发感染，发病后只能采取对症疗法。预防可用牛流行热病毒亚单位疫苗和灭活苗进行预防接种。

（1）对体温升高，食欲废绝病牛

①5% 葡萄糖生理盐水 2000~3000 毫升，一次静脉注射，每日 2~3 次。

②20% 磺胺嘧啶钠 50 毫升，一次静脉注射，每日 2~3 次。

③30% 安乃近 30~50 毫升、百尔定 30~50 毫升，一次肌内注射，每日 2~3 次。

（2）对呼吸困难、气喘病牛

①输氧速度控制在 5~6 升／分钟，一般为 3~4 升／分钟，后逐渐增加速度。

②25%氨茶碱 20~40 毫升、6%盐酸麻黄素液 10~20 毫升，一次肌内注射，每 4 小时一次。

③地塞米松 50~75 毫克、糖盐水 1500 毫升，混合，缓慢静脉注射。本药可缓解呼吸困难，但可引起孕畜流产，因此，孕牛禁用。

④胸部穿刺法：目的是减轻胸压，缓解呼吸困难。

（3）对兴奋不安的病牛　甘露醇或山梨醇 300~500 毫升，一次静脉注射；硫酸镁每千克体重 25~50 毫克，缓慢静脉注射。

（4）对瘫痪卧地不起病牛　25%葡萄糖液 500 毫升、5%葡萄糖生理盐水 1000~1500 毫升、10%安钠咖 20 毫升、40%乌洛托品 50 毫升、10%水杨酸钠 100~200 毫升，静脉注射，每日 1 或 2 次，连续注射 3~5 天。20%葡萄糖酸钙 500~1000 毫升，静脉注射。0.2%硝酸士的宁 10 毫升、康母朗 30 毫升，百会穴注射。

（二）结核病

结核病是由结核分枝杆菌引起的一种慢性传染病。以渐进性消瘦，在多种组织器官上形成肉芽肿和干酪样、钙化结节病变为特征。

图 4-2　患结核病牛

第四章 常见牛病的防治

【病原】病原是结核分枝杆菌,革兰氏阳性。用一般染色法较难着色,常用的方法是抗酸染色法。结核分枝杆菌主要分3型,即人型、牛型和禽型。其中以牛型对牛致病力最强,但也有少数报道是由人型结核杆菌感染而引起的。

结核分枝杆菌对外界环境的抵抗力强,较能耐受一般的消毒剂。5%石炭酸、2%来苏水(甲酚皂溶液)、4%福尔马林液经12小时才可杀死。漂白粉、酒精杀菌作用较好,50%~70%酒精、30%~80%异丙醇,经1~2分钟即可杀死细菌,其中以70%浓度的酒精效果最好。

该菌对磺胺类药物和一般抗生素不敏感,对链霉素、异烟肼、氨基水杨酸和环丝氨酸等药物具有不同程度的敏感性。中草药中的白及、百部、黄芩等有中度的抑菌作用。

【流行规律】该病可侵害多种动物,易感性因动物种类和个体不同而异。在家畜中牛最易感,特别是奶牛,其次是黄牛、牦牛、水牛。由于本病是典型的慢性疾病,一旦牛群被污染,不容易彻底消灭。结核分枝杆菌感染的途径主要是经呼吸道及经消化道感染,交配感染也可能。一般认为排菌的重症病牛是本病的传染源,在短的时间内就能感染同舍牛。

【临床症状】自然感染病例的潜伏期为16~45天。

本病以肺结核和淋巴结核为最常见,其次是乳房结核,也可发生于其他脏器、骨和关节等。

(1)肺结核 咳嗽,呼吸困难,呼吸次数增多或气喘,鼻有黏液或脓性分泌物。当肺结核病灶扩散到较大范围时,有咳嗽以及可听诊到啰音等异常的肺音,出现体温升高在1℃以上的弛张热型。体表多处淋巴结肿大,有硬结而无热病。病牛日渐消瘦、贫血,易疲劳。

（2）乳房结核　乳房结核见乳房上淋巴结肿大，乳腺有无热无痛的硬结，泌乳量减少或停止。

（3）肠结核　肠结核则持续性下痢，粪便带血或脓汁。

（4）生殖器官结核　生殖器官结核时，从阴道流出黄白色分泌物，机能紊乱，发情频繁，但不妊娠或孕牛流产，公牛睾丸或附睾肿大有硬结。

（5）骨和关节结核　局部硬结、变形，有时形成溃疡。

【病理变化】病理特点是在器官组织发生增生性或渗出性炎症，或两者混合存在。解剖初期感染的病牛，可经常发现在肺、肠及其附属淋巴结上有米粒到豌豆大的、呈局限性白色带有黄灰色的干酪化病灶。这些干酪化病灶呈圆形或椭圆形，也有不规则形状的，陈旧性病灶呈白色化或钙化状态，刀切时有沙砾感。

另外，活动性或开放性的病例在许多脏器上形成斑点状透明的病变，即所谓的粟粒结核，还可见到尚未形成包膜又未干酪化的化脓灶。有的坏死组织溶解和软化，排出后形成空洞。胸腔或腹腔浆膜可发生密集的结核结节，一般为粟粒至豌豆大的半透明或不透明的灰白色坚硬结节，即所谓的"珍珠病"。

【诊断】结核病在临床上常取慢性经过，当饲养管理正常，病牛逐渐消瘦、易疲劳、顽固性下痢、肺部异常、咳嗽、体表淋巴结慢性肿胀、产奶量逐渐降低等，可怀疑为本病。但仅仅根据临床症状很难确诊。

（三）布鲁氏菌病

布鲁氏菌病是由布鲁氏菌引起的一种人畜共患接触性传染病。在动物中牛、猪、羊和犬最易感。患病动物一般呈慢性经过。主要侵害生殖道，表现为母畜流产、胎衣不下及繁殖障碍；公畜表现睾丸炎和附睾炎。

布鲁氏菌病广泛分布于世界各地，常引起不同程度的流行，给畜牧业和人类健康带来严重的危害。

第四章 常见牛病的防治

【病原】布鲁氏菌是细小的球杆菌，无鞭毛，无芽孢，革兰氏阴性。常用的染色方法是柯蓝氏染色，该菌染成红色，其他细菌染成蓝色或绿色。

该菌对自然因素的抵抗力较强，对阳光、热力及一般消毒药的抵抗力弱。巴氏灭菌法10~15分钟杀死，1%来苏水或2%福尔马林15分钟，而直射阳光需要0.5~4小时。

【流行规律】牛的布鲁氏菌病大部分是由流产布鲁氏菌所致的。本菌不仅从损伤的黏膜、皮肤侵入机体，也可以从正常的皮肤侵入体内。牛流产布鲁氏菌病主要侵害牛，病牛在流产或分娩时，大量的病菌随着胎儿、胎水和胎衣排出，流产后的阴道分泌物及乳汁中都含有病菌，被感染睾丸的精液中也有病菌，可造成广泛传播。

发病牛和带菌动物是主要的传染源。最危险的是受感染的妊娠母畜。布鲁氏菌病的传播途径主要有两种：一种是由病牛直接感染，主要是通过生殖道、皮肤或黏膜的直接接触而感染；另外一种是通过消化道传染。牛的易感性随性成熟年龄接近而增高，母牛较公牛易感。

【临床症状】潜伏期为2周至6个月，母牛最显著的特点是流产，流产可发生于任何时期，但多发生于妊娠后5~8个月。流产母牛有生殖道发炎的症状，即阴道黏膜发生粟粒大的红色结节，由阴道流出灰白色或灰色黏性分泌液。流产后继续排出灰色或红色分泌液，有时恶臭，分泌物持续1~2天后消失。若牛流产但胎衣不停滞，则病牛很快康复，又能受孕，但以后可能还流产。如果胎衣停滞则可发生慢性子宫内膜炎，引起长期不育。

流产母牛在临床上常发生乳房炎、关节炎、滑液囊炎、腱鞘炎、淋巴结炎等。公牛感染本病后，出现睾丸炎和附睾炎，也可发生关节炎、滑液囊炎。

【病理变化】在子宫绒毛膜间隙有灰色或黄色胶样渗出物，绒毛膜上有坏死灶和坏死物；胎膜水肿变厚，黄色胶样浸润，表面附有纤维素和脓汁，间或有出血，胎儿皮下及肌间结缔组织出血性浆液浸润；肝、脾和淋巴结不同程度肿大，有时有坏死灶；睾丸和附睾有炎症、坏死灶或化脓灶。

【诊断】根据流行病学资料及临床症状等可做初步诊断。

图4-3　布鲁氏菌病临床诊断

确诊必须用细菌学、血清学和变态反应等综合性实验室诊断才能得出结果。如血清凝集试验、补体结合试验等。

【防控方法】贯彻以免疫、检疫、淘汰病牛和培育健康牛群为主导的综合性预防措施。在未感染的健康牛群中，应当抓住以下几个环节。

（1）在购入牛只时必须从非疫区中选择，而且要经过严格的反复检疫，无布鲁氏菌病的健康牛才能购入。购进后经1个月左右的隔离并进行两次检疫，检疫结果为阴性者方可入群，发现疑似牛只时要及时采取措施。

（2）定期检疫。每年春季或秋季对全群牛进行布鲁氏菌病的实验室检查，检疫密度不得低于90%，在健康牛群中检出的牛应扑杀、深埋或火化。

（3）对种公牛每年配种前要进行布鲁氏菌病的检疫，只许健康公牛

参加配种。

（4）经当地兽医行政管理部门认可，犊牛于 6 月龄注射布鲁氏菌 19 号苗或口服猪型 2 号苗之前应做凝集反应试验，阴性者进行免疫接种，并于 1 个月后检查凝集价，呈阴性者或可疑者必须进行第二次菌苗接种，直到呈阳性反应为止。

消毒：多次检疫和隔离阳性牛后，必须将病牛污染的环境、分泌物、粪尿、厩舍、用具等用 10%~20% 石灰乳或 3% 氢氧化钠、3% 来苏水溶液等消毒。

病死牛尸体、流产胎儿、胎衣要深埋，粪便发酵处理，乳汁煮沸后深埋废弃。疫区牛的生皮等畜产品及饲草饲料等也应进行消毒或放置两个月以上才允许利用。

（四）梨形虫病（焦虫病、巴贝斯虫病）

牛梨形虫病是由巴贝斯科和泰勒科的不同梨形虫寄生于牛血液内所引起的寄生虫病的总称。临床上常出现高热、贫血、黄疸、血红蛋白尿、迅速消瘦和产奶量明显降低。因其流行广泛，病情严重，往往能引起大批牛的死亡。

【病原】梨形虫病的病原体主要有双芽巴贝斯焦虫、牛巴贝斯焦虫、环形泰勒虫和瑟氏泰勒虫 4 种。现以双芽巴贝斯焦虫为主介绍本病。

双芽巴贝斯焦虫寄生于牛的红细胞内，绝大多数虫体位于红细胞的中部，与牛的其他焦虫相比，为一种大型虫体，其长度大于红细胞半径。有环形、椭圆形、梨形（单个或成对）和变形虫形等不同形状的虫体；在出芽生殖过程中，还可见到三叶形的虫体。取外围血液涂片，用吉姆萨染色，虫体的原生质呈浅蓝色，边缘较深，中部淡染或不着色，呈空泡状的无色区；染色质多为两团，位于虫体边缘部。两个梨子形虫体以其尖端相连成锐角，是本病原体的主要特征。本病由突尾方头蜱及有距

方头蜱传播。

【发育史】双芽巴贝斯焦虫在牛红细胞内以"成对出芽"生殖法繁殖。虫体在蜱体内是经卵传递的。双棘吸血蜱吸食牛血时，配子体侵入蜱体内，在吸血蜱的消化道内发育，在蜱肠道内雌性配子体发育成大配子，雄性配子体发育成小配子，大、小配子结合，形成合子，进一步发育成动合子。合子穿过蜱的肠壁后，进入蜱的生殖器官，并侵入蜱的卵内变成孢子细胞，以后又发育成多核体，多核体又分裂成为多个动孢子。多核体大部分是在卵内发育的幼蜱的唾液腺细胞内形成的。当幼蜱孵出前后动孢子便发育成梨形状的子孢子，幼蜱吸血时子孢子通过蜱的唾液，进入牛的血液而使牛感染。另外若蜱也具有感染能力。

【发病规律】两岁以内的犊牛感染率高，但症状不明显，易耐过。成年牛感染率低，但发病后病情严重，死亡率高，特别是老弱以及劳役过重的牛病情尤为严重。当地牛的感染性低；种牛和由外地引入的牛感染性高，病情严重，死亡多。

巴贝斯焦虫的宿主特异性很强，一般不感染牛属以外的动物。1~7个月龄的犊牛多呈带虫者。本病多发生于夏、秋两季。微小牛蜱是在野外繁殖的，故本病常发生于放牧时期。

【临床症状】该病的潜伏期为 8~15 天，成年牛多为急性经过。病初出现体温上升至 40℃ 以上，呈稽留热，可持续一周或更长，以后下降多变为间歇热。病牛呼吸心跳加快，肌肉震颤，食欲减退，反刍停止，精神沉郁，产奶量急剧下降。一般在发病 3~4 天后出现贫血、黄疸，并排红褐色尿液，粪便为黄棕色。一般认为犊牛对这种病原虫感染的抵抗力较强，而成年牛则较弱。被感染病牛迅速消瘦及衰弱，全身无力，起立及行动艰难，不能迈步，有时卧地不起，孕牛大多数流产，严重的在 1 周内死亡。

发热的初期，外周血液中出现虫体，红细胞染虫率一般为10%~15%，严重病例达65%。

【病理变化】可视黏膜贫血、黄疸；血液稀薄，凝固不全；皮下组织充血、黄染、水肿；脾脏肿大1~4倍，软化；肝肿大，黄棕色。胆囊扩张，胆汁浓稠，色暗；真胃和小肠黏膜水肿，有出血斑；膀胱黏膜充血，有时有点状溢血。浆膜和肌间结缔组织水肿、黄染。

【诊断】根据流行病学的调查、临床症状、病理变化特征，特别是有传播蜱存在的地方，病牛有高热、贫血、血尿时，死后剖检牛的脾脏肿大1~4倍时，就可怀疑为本病。

确诊必须做血液涂片，用姬姆萨液染色检查出虫体才能确定。

病原体检查：在体温升高的头1~2天，采取耳静脉血做涂片，染色镜检，如发现有典型虫体（虫体长度大于红细胞半径，有两个染色质团，成对的梨子形虫体以其尖端相连成锐角），即可确诊。

【防控方法】

（1）预防

①灭蜱以阻断传播媒介　消灭牛体上的幼虫，根据梨形虫病的各种蜱类出没时间和活动规律，及时采用0.05%蝇毒磷水溶液，或0.01%~0.02%蜱虱敌（拜耳9037）喷洒牛体，或涂擦、药浴。每隔5~7天一次。

消灭蜱的滋生地，经常做好圈舍清理工作，铲除场内粪便、褥草，排除积水，定期进行全场消毒，造成不利于蜱发育繁殖的环境，以达到消灭蜱类的目的。

②控制传染源，隔断与蜱的联系

a.病牛和带虫牛是主要的传染源，故应集中饲养，注意灭蜱，以防存留牛体内过冬的病原体继续发育、繁殖和传播。

b.严格控制病牛、带虫牛的引入。需要引进时，必须隔离检查，确系阴性者，经杀蜱处理再合群。

③药物预防　可用抗梨形虫的药物（如黄色素）进行预防注射。

（2）治疗　对于贫血严重、极度衰弱的病牛，首先要注射强心剂，同时要进行输液或输血疗法。杀虫剂可选用下列药物：

①抗焦虫素（硫酸喹啉脲）注射液　每千克体重1毫克，用生理盐水配成1%~2%的溶液作皮下注射。但注射后病牛可出现不安、呼吸加快、脉搏加快、流涎、肌肉震颤、大小便失禁等症状。严重的可能死亡，多数在1~4小时内恢复正常。如果配合注射硫酸阿托品，可以预防或减轻副作用。

②血虫净（贝尼尔）　每千克体重5~7毫克，用水配成5%~7%溶液，臀部深部肌内注射，隔日1次，连用3次即可。

③黄色素（盐酸吖啶黄）　每千克体重3~4毫克（一般每头牛最大剂量不超过2克），以生理盐水稀释成0.5%~1%的溶液静脉注射。必要时可隔1~2天后再注射1次。

④咪唑苯脲　每千克体重2毫克，配成10%浓度，肌内注射。

(五) 螨病

疥螨病是由痒螨属和疥螨科的螨虫寄生于牛体表或皮肤内所引起的

图4-4　患螨病牛

一种慢性、接触传染性寄生虫病。临床上以湿疹性皮炎、脱毛及剧痒为特征。

【病原】痒螨属和疥螨科共六个属，以痒螨属和疥螨属最重要。疥螨属的疥螨虫体呈龟形，背面粗糙隆起，脸面平滑，四对足，卵呈椭圆形。痒螨属的痒螨虫体呈长椭圆形，背面有纫皱纹，腹面平滑，四对足，卵呈椭圆形。

【发育史】疥螨属不完全变态，其发育史包括卵、幼虫、稚虫（若虫）、成虫4个阶段。一生都寄生在动物体上，并能世代相继生活在同一宿主体上。雌雄螨交配后，雄虫不久死亡，雌虫特别活跃，边挖隧道边产卵，其后雌虫死亡。虫卵经3~4天孵出幼虫，幼虫离开原来隧道，另开新道，并在新隧道内蜕皮变为稚虫。稚虫也掘浅窄的隧道，并在其中蜕皮变为成虫。全部发育过程需要15~21天。

【发病规律】此病通过与患畜或被污染的物体接触而感染。疥螨发育的最适宜条件是阳光不足和潮湿，所以牛舍潮湿，饲养密度过大，皮肤卫生状况不良时容易发病。发病季节主要是冬季和秋末、春初。秋末以后，毛长而密，阳光直射动物时间减少，皮温恒定，湿度增高，有利于螨虫的生长繁殖。

【临床症状】该病无论是哪种类型与其他皮肤病相比，其破裂发痒的程度都很剧烈。病初出现粟粒大的丘疹，随着病情的发展，开始出现发痒的症状。由于发痒，病牛不断地在物体上蹭皮肤，而使皮肤增加鳞屑、脱毛，致使皮肤变得又厚又硬。如果不及时治疗，1年内会遍及全身，病牛明显消瘦。

【诊断】根据临床症状和流行特点，可作出初步诊断。确诊应在皮肤病变部位与健康部位交界处，用刀刮取皮屑，置于载玻片上，滴加50%甘油水溶液，显微镜下检查虫体。

沉淀法：将刮取物放入5%~10%氢氧化钠或氢氧化钾溶液中浸泡2小时，或煮沸数分钟，离心5分钟，取沉淀物制成压片，低倍镜下镜检。

漂浮法：按上述处理法进行，离心沉淀5分钟，弃去上清液，加入60%亚硫酸钠溶液适量，静置10分钟，螨可漂浮于液面，取表面层液体置于载玻片上，镜检虫体。

【防控方法】

（1）预防　要改善饲养管理，保持牛舍的通风干燥，保持牛体的卫生；病牛隔离治疗；对已有虫体的牛群，在暖和的季节里，应采取预防性治疗措施杀灭虫体，防止入冬蔓延开来。

（2）治疗　治疗牛疥癣方法很多，可选用下列药液进行浸洗或喷雾。

①2%石灰硫黄溶液（生石灰5.4千克，硫黄粉10.8千克，水455升）浸洗，每周1次，连用4周。

②蜗毒灵乳剂：配成0.05%水溶液，喷淋或擦洗1次，1周后再治疗1次。

③1%奥佛麦菌素注射液：剂量为每千克体重0.02毫升，一次皮下注射。

④溴氢菊酯（倍特）：配成0.005%~0.008%水溶液，喷淋或涂擦，1周后再治疗1次。

⑤伊维菌素：每千克体重0.2毫克，一次皮下注射，10天后重复注射1次。

（六）牛皮蝇蛆病

牛皮蝇蛆病是皮蝇科皮蝇属的幼虫寄生于牛的背部皮下组织所引起的一种慢性寄生虫病。皮蝇幼虫的寄生，引起病牛瘙痒，局部疼痛，影响休息和摄食，使患牛消瘦，犊牛发育不良，产乳量下降，皮革质量降低，

造成巨大的经济损失。

【病原】病原是牛皮蝇和蚊蝇的幼虫,俗称蹦虫,外形像蜜蜂。

(1)成虫　牛皮蝇体长约15毫米,翅淡黄色透明;胸背部有4条黑色条纹,其余呈褐色。

(2)幼虫　呈蛆状,第Ⅰ期幼虫呈黄白色,第Ⅲ期幼虫呈棕褐色。粗壮,圆筒形。

(3)虫卵　淡黄色,长圆形,表面有光泽,后端有长柄附着于牛毛上。

【发育史】包括卵、幼虫、蛹和成虫4个阶段。整个发育期约1年,其中在牛体内为10个月。成蝇在外界交配后,雌性寻找以牛为主的动物产卵,将卵产于四肢、腹部和体侧的被毛上。卵经1周孵出Ⅰ期幼虫,沿被毛即行钻入皮下,开始移行。纹皮蝇Ⅰ期幼虫沿疏松结缔组织走向胸腔、腹腔,在食道内蜕皮为Ⅱ期幼虫,停留5个月,移行到背部蜕皮为Ⅲ期幼虫;牛皮蝇沿外周神经外膜走至椎管硬膜外脂肪组织,蜕皮为Ⅱ期幼虫。幼虫到达背部皮下,Ⅲ期幼虫停留2~2.5月,趋于成熟,由皮孔蹦出,落于松土或厩粪内发育为蛹,经1~2个月化为成蝇。

【发病规律】该病的发生与环境卫生有很大关系。牛感染多发生在炎热夏季,成蝇飞翔的季节。

【临床症状】雌蝇产卵时引起牛恐惧不安,影响摄食和休息,日久则消瘦,惊慌奔跑,可引起流产、跌伤、骨折甚至死亡。幼虫钻入皮肤,引起皮肤痛痒,精神不安。幼虫在体内移行时,造成移行部组织损伤,导致局部结缔组织增生和皮下蜂窝织炎,若继发细菌感染可化脓形成瘘管,流出脓液,同时皮革利用价值降低。肉质降低,乳牛产乳量下降。当发生变态反应时,患牛出现流汗、乳房及阴门水肿、气喘、腹泻、口吐白沫等。幼虫进入大脑寄生,患牛可出现神经症状,甚至死亡。

【诊断】春季可在牛背上摸到长圆形硬结,以后瘤状隆起,见有小孔,小孔周围有脓痂，用力挤压可挤出虫体即可确诊；夏季、秋季可在牛体被毛上查到虫卵得以确诊。

【防控方法】关键是掌握好驱虫时机，消灭牛体内的幼虫且不能让其发育到第Ⅲ期幼虫。

（1）皮蝇磷　每千克体重 100 毫克，口服。

（2）伊维菌素　每千克体重 0.2 毫克，皮下注射。

（3）驱蝇防扰　成蝇产卵季节每隔半月向牛体喷 2% 敌百虫溶液；对种牛可经常刷拭牛体表，以控制虫卵的孵化。

（4）不要随意挤压瘤肿，以防虫体破裂引起变态反应。应用注射器吸取敌百虫水等药液直接注入，以杀死或使其蹦出。

（七）肝片形吸虫病

肝片形吸虫病是由肝片形吸虫寄生于肝脏、胆管中引起的一种寄生虫病。该病呈世界性分布，我国分布很广，多呈地方性流行。也有人发病的报道。该病能引起急性或慢性肝炎和胆管炎，并引发全身性的中毒现象和营养障碍，危害相当严重，尤其是对犊牛。

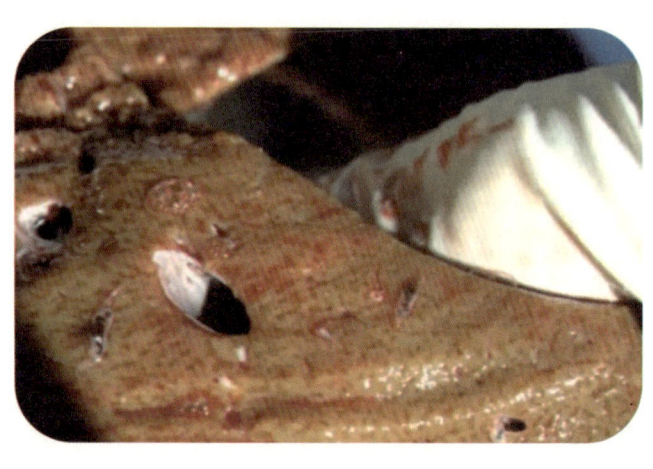

图 4-5　肝片形吸虫

【病原】病原体是片形科片形属的肝片形吸虫和大片吸虫，后者较为少见。肝片形吸虫呈扁平叶状，外观像柳树叶，新鲜虫体呈棕红色。

第四章 常见牛病的防治

虫卵呈卵圆形，金黄色，卵壳薄而光滑，镜下多见两层。尖端有一不明显的卵盖，近卵盖处有一大而明显的细胞称胚细胞。

大片吸虫在形态上与肝片形吸虫相似。虫卵呈长卵圆形，黄褐色。

【发育史】肝片形吸虫寄生在牛肝脏胆管内，成虫产生虫卵随胆汁进入消化道与粪便混合，最后随粪便一起排出牛体外。卵在适宜温度（15~30℃）和足够氧气及光线下，落入水中后经10~25天孵化出毛蚴。毛蚴在水中游动，钻入中间宿主椎实螺体内，发育成尾蚴。尾蚴离开螺体，游动于水中，附着在水生植物上或浮游在水面下，脱去尾部，形成囊蚴。牛吞食了带有囊蚴的草或饮用了带有囊蚴的水后被感染。囊蚴的胞膜在消化道中被溶解，此后幼虫沿胆管或穿过肠壁和肝实质到肝脏胆管内寄生，最后发育为成虫。

肝片形吸虫病刺激胆管、肝细胞或微血管，引起急性肝炎和肝出血，同时虫体分泌一种有毒物质引起肝炎，毒素进入血中可引起红细胞溶解，发生全身中毒、贫血、水肿、消瘦等症状。此外，虫体由消化道向肝脏转移时，能带入细菌诱发其他疾病。

【发病规律】该病除发生于牛外，羊、鹿、人、猪、马和兔等也有感染。中间宿主是本病流行的主要原因，气候温暖、雨量充足有利于中间宿主和幼虫的发育，促使该病的发生。该病呈地方性流行，多发生于低洼和沼泽地带的放牧地区，流行感染季节多在每年的夏、秋两季（南方春季也能感染）。

【临床症状】临床表现因感染强度和机体的抵抗力、年龄、饲养管理条件等不同而有差异。牛感染本病后多呈慢性经过，但由于长期受侵害，牛的抵抗力逐渐降低、体质衰弱、毛粗乱易脱落无光泽，产奶量降低。感染严重时，食欲减退、消化紊乱、黏膜苍白、贫血、黄疸，产奶量显著减少。病后期牛下垂部出现水肿，最后极度虚弱死亡。发育期的犊牛

严重感染时不但影响生长发育,而且有死亡的危险。病牛死后可见肝脏、胆管扩张,胆管壁增厚,其中可见大量寄生的肝片形吸虫。

【诊断】该病无特异性临床症状,只靠症状不易诊断,必须将临床症状与粪便检查结果结合起来,才能确诊。

(1)临床诊断

①该病多发生于夏秋季节沼泽地带和以水生植物为饲料的地区,呈地方性流行。

②症状是腹泻、贫血、消瘦和产奶量下降。

③剖检见肝包膜上出血。有暗红色虫道,内有虫体;胆管扩张、增厚、变粗甚至堵塞,似绳索样凸出于表面。胆管壁有磷酸钙和磷酸镁盐沉积,刀切有"沙沙声"。

(2)粪便检验 用水洗沉淀法检验虫卵。

【防控方法】

(1)预防 驱虫是最有效的方法。

①驱虫 驱虫不仅是治疗病畜,也是很好的预防措施。驱虫的时间与次数必须与流行地区具体条件相结合。北方地区每年应有两次定期驱虫,一次在秋末冬初或由放牧转为舍饲之后;另一次在冬末春初,动物由舍饲改为放牧之前。南方地区终年放牧,每年可进行3次驱虫。牛的粪便应经生物热处理后使用,以便经发酵产热而杀死虫卵。

②消灭中间宿主 灭螺是预防片形吸虫病的重要措施。消灭椎实螺,以切断本虫的传染途径。可用化学药物灭螺,如血防67和硫酸铜等。施药方法可分浸杀和喷杀两种。

③饮水和饲草卫生 该病多发生于低洼而潮湿的地区,牛在吃草或饮水时最易吞食附有囊蚴的草料或其他物体,因此应尽可能在高海拔干燥地区放牧。牛饮水最好用自来水、井水或流动的河水,并保持水源的

清洁,以预防感染。

(2)治疗 驱虫药物很多,现介绍以下几种。

①丙硫苯咪唑(抗蠕敏) 剂量按每千克体重15毫克,一次内服。

②硝氯酚 黄牛按每千克体重5~7毫克,水牛每千克体重4~6毫克,灌服,驱虫率可达100%。

③硝硫氰醚 3%油剂,剂量按每千克体重50~60毫克,一次口服,驱虫率达93%~97.6%。

(八)犊新蛔虫病

犊新蛔虫病是由牛新蛔虫寄生于犊牛小肠内引起的一种寄生虫病。引起其他肠炎、腹泻、腹部膨大和腹痛等症状。该病分布广,遍及世界各地。

【病原】牛新蛔虫,虫体粗大,淡黄色,虫卵近似球形。

【发育史】雌虫在小肠产卵,虫卵随粪便排到外界,在外界适宜温度(27℃)和湿度下,经7~9天发育为幼虫,

图4-6 蛔虫

再经13~15天在卵壳内进行一次蜕化,变为第二期幼虫,即感染性虫卵。牛吞食了感染性虫卵后,在小肠中孵化出幼虫,并进入肠壁血管,随血流到肝、肾、肺脏等器官组织进行第二次蜕化,变为第三期幼虫,并停留在这些组织器官里。幼虫移行至子宫,进入胎盘羊膜液中,进行第三次蜕皮,变为第四期幼虫,幼虫被胎牛吞入肠中发育。到小牛出生后,幼虫在小肠进行第四次蜕皮后长大,经25~31天变为成虫。或幼虫从胎盘移行到胎儿的肝和肺,再移行转入小肠,引起生前感染。成虫可寄生

2~5 个月。

【发病规律】主要发生于 5 个月以内的犊牛，以南方多见。可经胎盘、哺乳感染。成虫繁殖能力特别强。虫卵对各种环境因素的抵抗力很强，对化学药物也有特别强的抵抗力，常用消毒药的浓度不能杀死虫卵。在饲养管理不良时易感染。

【临床症状】被感染犊牛在出生 2 周后出现症状，表现为咳嗽，食欲减退和精神沉郁，消化异常，排稀便或血便，腹部肿胀，腹痛。虫体数量多时常聚集成团，堵塞肠道，导致肠破裂。幼虫移行至肺可引起肺炎。临床上出现咳嗽，呼吸困难，口腔内有特殊酸臭味。

【诊断】一方面根据临床症状观察，另一方面进行粪便检查，发现大量虫卵就可确诊。

粪便检查常采用直接涂片法和连续洗涤法，因为蛔虫卵数量多，感染强度较高时，直接涂片法很容易发现虫卵得以确诊。

【防控方法】

（1）预防

①定期驱虫　对患病犊牛及早发现和确诊，最好在 15~30 日龄进行驱虫。

②保持圈舍清洁卫生，经常打扫，勤换垫草，粪便进行堆积发酵，利用发酵的温度杀死虫卵，同时保持饲料、饮水清洁卫生，减少蛔虫卵的污染。

③在流行地区，母牛和犊牛应隔离饲养，以减少感染。

（2）治疗

①阿苯达唑（抗蠕敏）　每千克体重 5~10 毫克，配成悬浮液灌服。

②左旋咪唑　每千克体重 8~10 毫克，口服。

（九）瘤胃臌气

瘤胃臌气是指患牛摄入大量容易发酵的饲料，在瘤胃和网胃因发酵产生大量气体，且气体不能以嗳气排出而蓄积于胃内，致使瘤胃体积增大而引起的瘤胃消化机能紊乱的疾病。该病的特征是病牛左肷窝部高度膨隆，瘤胃叩诊呈鼓音。

【病因】按病因可分为原发性与继发性两种类型。

（1）原发性瘤胃臌气　大量饲喂或偷食未经处理的大豆、豆饼以及苜蓿、甘薯秧和生长迅速而未成熟的豆科牧草、幼嫩的小麦、青草等可引起发病。

（2）继发性瘤胃臌气　前胃弛缓、创伤性网胃腹膜炎、网胃或食道沟因异物导致的炎症、食道梗塞以及食道狭窄等情况，都能引起排气障碍，致使瘤胃发生臌气。继发性瘤胃臌气多发于6个月龄前后的犊牛和圈养的育成牛。

【发病机理】在正常情况下，瘤胃内发酵所产生的气体（主要是二氧化碳、甲烷、硫化氢等）能通过嗳气排出，也有一部分被胃肠吸收，因而使产气和排气之间保持相对平衡而不发生臌气。如果瘤胃内迅速产生大量气体，超过了正常的排气机能，既不能通过嗳气排出，又不能通过胃肠吸收，会导致瘤胃急剧积气而扩张、膨胀。特别是摄入大量含有植物蛋白、皂苷和熟性物质的饲料或粉状饲料（如豆科植物中的紫云英或小麦麸、玉米麸、粉状谷物等）时，产生的气泡与食糜混合，不易上升而形成大量的泡沫，阻塞贲门，妨碍嗳气，迅速地导致泡沫性臌气的发生和发展，病情急剧，最为危险。

由于瘤胃过度膨胀，膈向胸腔前移，使胸腔变小，心、肺受到压迫，因而导致呼吸及循环障碍而呈现呼吸困难、心跳加快，进而引起窒息或心脏停搏导致死亡。

【临床症状】

（1）急性瘤胃臌气　通常在摄入大量发酵性饲料后迅速发病，肚腹胀大，左肷部显著隆突为其特征。触诊腹壁紧张而有弹力，叩诊有鼓音，有时带金属音。听诊瘤胃蠕动音初期强，后转弱到完全消失，但可听到气体发音。患牛垂头弓背，四肢缩于腹

图4-7　瘤胃臌气的牛

下，呆立，紧张不安，食欲与反刍停止；呼吸困难，呼吸数增至60次/分钟以上；脉搏微弱急速，心动亢进，可达100~120次/分钟以上。心音高朗，颈静脉怒张，眼结膜暗紫色。眼球凸出，全身出汗，张口呼吸，口内流出泡沫状唾液。瘤胃穿刺时，只能断断续续地排出少量气体。瘤胃液随着瘤胃紧张收缩向上涌出，阻塞穿刺针孔，牛排气困难。

（2）慢性瘤胃臌气　多由继发性因素引起，病情弛张，瘤胃中度鼓胀，时而消长，常在摄食或饮水后反复发生，通常为非泡沫性臌气。

【诊断要点】

（1）急性瘤胃臌气　根据摄入大量易发酵性饲料发病，腹部鼓胀，左肷部凸出，触诊有弹性，叩诊呈鼓音，有时带金属音，可作出诊断。

（2）慢性瘤胃臌气　瘤胃反复产生气体，通过分析原发病因能确诊。

第四章 常见牛病的防治

【防控方法】

（1）预防　该病的预防着重加强饲养管理。不过多饲喂多汁幼嫩饲料；在饲喂多汁饲料时应配合干草；幼嫩牧草饱食后易发酵，应晒干后掺杂干草饲喂，喂量应有所限制；不喂披霜带露的、堆积发热的和腐败变质的饲草、饲料；加强饲料的加工调制和日粮配合。在放牧或改喂青绿饲料前一周，先混合饲喂青干草和秸秆，然后放牧或青饲，以免饲料骤变发生过食；放牧还应注意在茂盛牧区和贫瘠草场进行轮牧，避免过食。注意饲料保管，防止腐败变质；注意精粗比和矿物质的供给，以防止继发性臌气的发生。

（2）治疗　该病的病情发展急剧，抢救病畜重在及时。采取有效的紧急措施，排气消胀才能挽救病畜。因此，治疗原则着重于排除气体，消沫止酵，健胃消食，强心补液。

对急重症病例发生窒息危象时，应立即采取瘤胃穿刺术，放气进行急救。但放气不能过快，以免病牛因大脑贫血而昏迷。放气后用0.25%普鲁卡因溶液50~100毫升，青霉素100万IU，由套管针注入瘤胃，效果更佳。

病初症状较轻者，用松节油40毫升、鱼石脂25克、酒精50毫升加水稀释，一次灌服。泡沫性臌气，可用植物油300毫升，加水500毫升用套管针注入瘤胃，或用液体石蜡800毫升、松节油40毫升加温水内服；非泡沫性臌气，可用鱼石脂30克、酒精100~150毫升用套管针注入瘤胃内，或用生石灰200~250克、豆油250克，加水3000毫升灌服。另外，为了防止臌气症状复发，促使舌头不断运动而利于嗳气，可用一根长30~40厘米的光滑圆木棒，上面涂上鱼石脂嚼在病牛口中，然后将两端用细绳系在牛头角根后固定，实践证明此方法既简便又有效。

若用药无效时，应立即采取瘤胃切开术，取出其中内容物。

对伴有低血钙或低血糖的病牛，应补糖、补钙、补碱。用50%葡萄糖液500毫升、10%葡萄糖酸钙液500毫升、5%碳酸氢钠液500毫升、安钠咖20毫升，一次静注，每天1次。

接种瘤胃液，采用健康牛瘤胃液3~6升，并加入青霉素适量，灌入瘤胃内，提高防治效果。

（十）瘤胃积食

瘤胃积食也叫瘤胃滞症，中兽医称为宿草不转，是指瘤胃内充盈过量的食物，引起急性瘤胃扩张，致使瘤胃运动及消化功能紊乱的一种疾病。该病是牛常见的多发病之一，特别是舍饲的牛更为常见。

【病因】瘤胃积食的病因，主要有以下几方面。

（1）喂精饲料及糟粕类饲料过多，粗饲料过少，片面地追求产奶量，给牛偏喂粉渣、糖渣。

（2）突然变更饲料，特别是将品质低劣、适口性较差的饲料换成品质好、适口性好的饲料时，牛过度贪食造成。

（3）饲料保管不严，牛从牛栏内跑出，偷吃过多的精饲料，而饮水不足。

（4）吃入塑料薄膜、长绳、聚丙烯包装袋等，也能成为积食的原因。

（5）饥饱无常、饱食后立即使役及过劳；在前胃弛缓、创伤性网胃腹膜炎、瓣胃秘结以及皱胃阻塞等病程中，也常常继发本病。

【发病机理】当瘤胃充满过量饲料时，由于胃壁受到压迫和刺激，反射地使自主神经机能发生紊乱。初期副交感神经兴奋，瘤胃蠕动加强，随后转为抑制，瘤胃蠕动减弱甚至消失，陷于弛缓、扩张乃至麻痹。瘤胃体积增大，压迫邻近器官，同时使膈前移，影响心、肺活动及静脉回流，以致呼吸、循环紊乱。积聚在瘤胃内的食物，因腐败分解和发酵，产生大量气体和有毒物质而导致自体中毒。

第四章 常见牛病的防治

【临床症状】病情发展迅速,通常在摄食后数小时内发病,患牛临床表现症状明显。

图 4-8 瘤胃积食的牛

病初神情不安,回头顾腹,上槽时步行缓慢,鼻镜干燥,弓腰,四肢缩于腹下,后肢频频移动,时见后肢踢其腹部,空嚼磨牙,呻吟。眼结膜充血、发绀,腹围增大。触诊瘤胃,病畜不安,内容物黏硬,用拳按压,遗留压痕。有的病畜瘤胃内容物坚硬如石,腹部鼓胀,左肷部隆起,中下部向外凸出,嗳气、流涎、食欲、反刍消失。听诊时,瘤胃蠕动音微弱或消失。叩诊呈浊音。直肠检查,可见瘤胃体积增大,移位于骨盆腔入口处,并可以触摸到。体温正常、也有升高者(39.5℃)。瘤胃积食严重时,呼吸急促,脉搏加快。

如果治疗失误,病程加长,奶牛泌乳减少或停止,呼吸急促而困难,四肢、角根和耳冰凉,站立不稳,步态蹒跚,肌肉震颤,全身战栗,眼窝下陷,黏膜发绀,心律不齐,心音微弱,全身衰竭,卧地不起,陷于昏迷状态。

【诊断要点】该病因摄食过多发病。根据腹围增大,左侧瘤胃上部饱满,中下部向外凸出,按压瘤胃,内容物充满、坚硬,甚至不易压下,

拳压留有压痕,食欲、反刍停止等病征即可确诊。

【防控方法】

(1)预防

①严格执行饲喂制度,精饲料、糟粕类饲料的喂量要根据牛的不同生理状况、生产性能而定,不可偏喂多添,随意增量。

②做好饲料保管工作,加固牛栏,防止牛跑出来偷吃过多精饲料。

③患畜前胃弛缓症状消除后,喂料应逐渐增多,多喂一些干草,以避免积食复发。

(2)治疗 治疗原则是恢复前胃运动机能,促进瘤胃内容物运转,消食化积,防止脱水与自体中毒。

①灌服泻剂,促进瘤胃内容物的排空:用硫酸镁或硫酸钠500~1000克、小苏打100~200克,加足够的水,一次灌服,或用液体石蜡或植物油500~1000毫升、鱼石脂15~20克、75%酒精50~100毫升、水6000~10000毫升,一次内服。

②加强瘤胃收缩机能,解除自体中毒:用10%比塞可灵5~10毫升,或新斯的明0.01~0.02克,皮下注射,但心脏功能不全的牛与孕牛忌用。5%葡萄糖生理盐水2000~4000毫升、25%葡萄糖液500毫升、安钠咖2克、5%碳酸氢钠液500~1000毫升,1次静脉注射。

③洗胃疗法:用胃导管灌入食盐水后,再将瘤胃内容物从导管内导出。当机体全身症状缓解后,可用10%氯化钠液300毫升、20%安钠咖10~20毫升,1次静脉注射。

如果积食严重,药物治疗效果不佳,可采取瘤胃切开术取出过多内容物。

(十一)胃肠炎

胃肠炎是指皱胃与肠道黏膜及其深层组织的炎症。其临床特征是体

温升高、腹泻、腹痛、脱水和酸中毒。该病是奶牛和犊牛的常发病。

【病因】可分为原发性和继发性两种。

（1）原发性胃肠炎 主要是饲养管理不当造成的。如奶牛食入了腐败变质、冰冻不

图 4-9　患胃肠炎牛

洁或混有泥沙、有毒物质的饲草和饮水、营养不良、长途运输、胃肠机能障碍等使机体抵抗力降低，导致肠道中大肠杆菌大量繁殖而发病；或者由于滥用抗生素，一方面使细菌产生抗药性，另一方面在用药过程中造成肠道的菌群失调引起二重感染，也易致病。

（2）继发性胃肠炎 多见于某些传染病，大肠杆菌病、沙门氏杆菌病、牛巴氏杆菌病、传染性病毒性腹泻、副结核、恶性卡他热、犊牛球虫病等，都伴有胃肠炎的出现。也可继发于前胃弛缓、创伤性网胃炎、败血性乳房炎和子宫炎等。

【发病机理】胃肠黏膜在致病因素炎性产物的刺激下，黏液分泌增多、肠蠕动增强引起腹泻；黏液包裹食糜，阻碍食糜颗粒与消化酶类接触，从而加重消化障碍，为肠道内的大肠杆菌、腐败梭菌以及沙门氏杆菌等的发育繁殖提供良好的环境条件，使肠道菌群的比例发生急剧改变。大肠杆菌等革兰氏阴性杆菌过度繁殖，其菌体大量崩解，释放出大量内毒素，吸收入血，则可发生内毒素血症，甚至引起休克。随着炎症的进一步发展，消化不全产物、炎性产物、腐败产物和细菌毒素等有毒物质不断积聚，对胃肠黏膜的刺激增强，使黏膜坏死、剥脱，甚至侵害到黏膜下的深层组织使之发生出血、坏死，不仅更加破坏肠壁的防御机能，而且使选择

性吸收功能丧失,肠道内的有毒物质更易吸收入血,迅速弥散。尤其炎症主要侵害胃和小肠时,由于肠道蠕动减弱,排粪迟缓,其自体中毒发展更快、更严重,全身性反应(体温升高,呼吸、脉搏加快,精神沉郁等)更显著。

严重的腹泻使大量体液、电解质(主要 Na^+、K^+)、碱性物质(主要是 HCO_3^-)随腹泻丢失,引起水盐代谢紊乱和酸碱平衡失调,发生不同程度的脱水和酸中毒,最终引起心力衰竭。如不早期进行治疗,多于短时间内死亡。

【临床症状】奶牛发生剧烈而持续的腹泻是该病的主要特征。粪便呈水样,混有黏液、血液、黏膜、组织碎片,有时有脓液和恶臭,肠蠕动音增强,后期肠音减弱或消失,肛门松弛,排粪失禁,病牛出现里急后重现象,肛门周围及内部沾有污秽的粪便。病牛精神沉郁,食欲与反刍减少或消失,伴发不同程度的腹痛症状,全身消瘦、衰弱但渴欲增加,结膜充血,多伴有黄疸,体温升高至40~41℃,心跳和呼吸增数且减弱,泌乳减少或停止,鼻镜干燥,皮温不整,眼球下陷,常伴有口炎。病程长者卧地,呻吟,磨牙,四肢末端发凉,全身症状明显,严重时死亡。

【诊断要点】根据全身症状、食欲紊乱,以及粪便中含有病理性产物等,不难作出正确诊断。进行流行病学调查,血、粪、尿的化验,对单纯性胃肠炎、传染病、寄生虫病的继发性胃肠炎可进行鉴别诊断。怀疑中毒时,应检查饲料和其他可疑物质。

【防控方法】

(1)预防 以预防为主,着重改善饲养管理,适当运动,合理利用,保证健康。

(2)治疗 治疗的原则是清理胃肠,保护胃肠黏膜,抑制胃肠内容物的腐败发酵,维护心脏机能,消除中毒,预防脱水和体内离子失衡,

第四章 常见牛病的防治

加强护理。

①病畜腹泻剧烈,粪便混有黏液、脓汁,恶臭时,应使用缓泻药物和防腐剂。常用硫酸镁 500 克、鱼石脂 20 克,加水一次灌服;或用植物油 500 毫升或液状石蜡油 1000 毫升、鱼石脂 20 克,混合温水内服;也可以用硫酸钠 200~300 克或人工盐 200~400 克配成 6%~8% 溶液,另加酒精 50 毫升,鱼石脂 10~30 克调匀内服。当粪便稀薄如水,臭味不浓时应及时止泻。可用药用炭 100~200 克加适量常水一次内服。服用碱式硝酸铋、药用炭悬浮液等保护胃肠黏膜。

②消除炎症,防止败血症,是治疗胃肠炎的根本措施,应用于整个病程。但口服抗生素可造成瘤胃微生物区系失调。因此,在选用抗生素时,最好送检患畜粪便,做药物敏感试验,为选用或调整药物做参考。常用磺胺脒 30~50 克,一次内服,每天 3 次;小檗碱 2~4 克,一次内服,每天 3 次;诺氟沙星、环丙沙星、氧氟沙星等对急剧胃肠炎可收到较好的效果。

③为解除脱水和酸中毒,维护心脏功能,应尽早进行补液。采用 5% 葡萄糖生理盐水 2500~4000 毫升、盐酸四环素 200 万~250 万 IU、25% 葡萄糖注射液 1000 毫升、20% 安钠咖 10~20 毫升、5% 碳酸氢钠液 500 毫升、维生素 C 1~2 克,一次静脉注射,每天 2 次。病牛尿液的 pH 已呈碱性时,可停止注射 5% 碳酸氢钠溶液。

(十二)中暑

中暑又称日射病及热射病。烈日暴晒头部或湿热环境下散热障碍,造成体温过高,导致严重的中枢神经和心血管、呼吸系统功能紊乱。该病为南方地区的牛在夏季的常见病。

【病因】烈日暴晒头部,或在烈日暴晒环境下重劳役,或拥挤在通风不良温度过高的牛舍内,引起脑膜充血,体温升高,全身大汗,呼吸急促,最后引起呼吸中枢、血管运动中枢麻痹,血压下降,呼吸循环衰竭,

导致牛死亡。

【发病机理】

（1）日射病　头部在强烈日光照射下，红外线和紫外线透过颅骨，作用于脑膜及脑组织分别发生不同的作用。红外线可使脑及脑膜过热，血管扩张，引起脑及脑膜充血。紫外线依其光化作用，可引起脑组织发生炎性反应，脑脊液增量，颅内压升高，对脑机能产生严重影响。

（2）热射病　周围环境潮湿闷热，影响体热散发，产热与散热不能保持相对的统一与平衡，导致体内积热，反射地引起大出汗、快呼吸，促进热的放散与蒸发，使机体大量失水，而引起脱水。因体热蓄积，体温升高，并发代谢旺盛，产生过多的氧化不全的中间代谢产物，蓄积体内，引起酸中毒。迅速发生呼吸、心力衰竭、全身淤血、黏膜发绀，最后死于窒息和心脏停搏。

【临床症状】病牛突然发病，精神沉郁，站立不稳，行走时体躯摇摆呈醉酒样，有时兴奋不安。体温升高，大汗烦渴。呼吸急促区听诊常有湿啰音。常突然卧地呈昏迷状态，流粉红色泡沫状的鼻液，严重者昏迷、抽搐而死。

【诊断要点】

（1）气温在30℃以上，有太阳暴晒病史。

（2）病牛有神经症状，发病急，死亡快。

（3）剖检见脑膜充血、出血、水肿，其他脏器无明显变化。

【防控方法】

（1）预防　炎热夏季使役不能过重，时间不能过长，防止日光直射头部，最好安排早上或下午15:00以后使役。运输时不能过度拥挤，牛舍要通风良好，随时供给清凉饮水。

（2）治疗　先将病牛移到阴凉的地方，并用大量冷水泼头部和身体，

灌服大量冷盐水,或冷水灌或洗,然后给予药物治疗。

①强心补液,降低颅内压,减轻肺水肿　颈静脉放血1000~2000毫升,然后用维生素C 2克,葡萄糖氯化钠注射液1000~2000毫升、20%安钠咖注射液10毫升混合,静脉注射。出现酸中毒时,加用5%碳酸氢钠500~1000毫升。

②兴奋呼吸中枢　如果病牛昏迷,可用25%尼可刹米10~20毫升或20%安钠咖10毫升交替注射。

（十三）感冒

感冒是由于气候的骤变,牛受寒冷的影响,机体的防御机能降低,引起以上呼吸道感染为主的以鼻流清涕、畏光流泪、咳嗽、呼吸增数、皮温不均为特征的一种急性热性病。一年四季均可发生。尤以春、秋气候多变时多见,不同年龄的牛均可发生。

图4-10　感冒的牛

【病因】该病主要是由于受寒冷的突然袭击所致,如舍饲的牛突然在寒冷的气候条件下露宿;圈舍条件差,受贼风吹袭;使役出汗后被雨

淋风吹等。寒冷因素作用于全身时，牛体防御机能降低，上呼吸道黏膜的血管收缩，分泌减少，气管黏膜上皮纤毛运动减弱，致使呼吸道常在菌大量繁殖。细菌产物的刺激，引起上呼吸道黏膜的炎症，因而出现咳嗽、流鼻涕，甚至体温升高等现象。

【发病机理】呼吸道常在细菌和病毒的大量繁殖，刺激黏膜充血、肿胀、渗出，而引起呼吸道黏膜发炎，黏膜敏感、咳嗽、喷鼻、流鼻液等现象。

细菌毒素及炎性产物被机体吸收后，作用于体温中枢，使体温上升，初皮温不均，不久皮温升高。由于温热的作用，眼结膜充血、呼吸心跳加快、尿量减少、胃肠蠕动减弱。出现因体温上升而引起的如结膜潮红、呼吸增快、脉搏增快、肠音低沉稀少、粪便干燥、尿量减少、食欲不振、精神沉郁等一系列症状。

【临床症状】病牛食欲减退，体温升高，结膜充血，甚至畏光流泪，眼睑轻度浮肿，精神沉郁，畏寒，耳尖、鼻端发凉，皮温不整。鼻黏膜充血，鼻塞不通。初流水样鼻液，随后转为黏液或黏液脓性，咳嗽、呼吸加快。并发支气管炎时，则出现干、湿性啰音；心跳加快，口黏膜干燥，舌苔薄白；牛鼻镜干燥，并出现反刍减弱，瘤胃蠕动减弱。如不及时治疗，易继发支气管炎，特别是犊牛。

【诊断要点】根据鼻流清涕、畏光流泪、咳嗽、呼吸增数、皮温不均等特征可确诊。但应与流行性感冒相区别。流行性感冒由流行性感冒病毒引起，传播迅速，有明显的流行性，往往大批发生。依此可与感冒鉴别。

【防控方法】

（1）预防　除加强饲养管理，增强机体耐寒性锻炼外，主要应防止牛突然受寒。如防止贼风吹袭，使役出汗时不要把牛拴在阴凉潮湿的地方，

冬季气候突然变化时注意采取防寒措施等。

（2）治疗 该病治疗应以解热镇痛、抗菌消炎为主，可肌肉注射复方氨基比林20~40毫升，或30%安乃近20~40毫升，或畜毒清10~20毫升，1~2次/天。若为风热感冒，可用银翘解毒丸或羚翘解毒丸15个（犊牛减半），捣碎用水冲服，2次/天。

为预防继发感染，在使用解热镇痛剂后，体温仍不下降或症状没有减轻时，可适当使用磺胺类药物或抗生素。

（十四）胎衣不下

胎衣不下又称胎盘停滞。一般牛分娩后，胎衣多经4~8小时自行排出。牛分娩后超过12小时尚未排出胎衣者，称为胎衣不下。胎衣不下多发于流产之后，夏季较冬季发病率高。

【病因】引起胎衣不下的原因很多，除由于胎盘的特殊构造而较其他家畜多发之外，直接的原因有以下两种。

（1）产后子宫收缩无力 奶牛在妊娠后期劳役过度或运动不足，饲料单纯、品质差、缺乏钙盐、矿物质、维生素、微量元素、年老体弱、过于肥胖或过于瘦弱以及胎水过多、多胎、胎儿过大、难产或早产等，均可引起子宫收缩乏力，导致胎衣不下。酷热、低气压、高温度等气候因素，也可造成该病的发生。

（2）胎盘的炎症 子宫内膜炎、慢性饲料中毒均

图4-11 牛胎衣不下

可引起子宫黏膜及绒毛膜的炎症，使母体胎盘和胎儿胎盘粘连，导致胎衣不下。

此外，布鲁氏菌病、结核病等疾病往往引起胎衣不下。

【发病机理】主要是怀孕期间胎盘发生炎症导致粘连；饲养管理不当，导致机体衰弱，继发产后子宫收缩无力等也可引起胎衣不下。

【临床症状】牛胎衣不下根据胎衣有无悬垂于阴门外，可分为全部不下和部分不下两种。

（1）胎衣全部不下　是指整个胎衣停滞于子宫内或很少部分胎膜悬垂于阴门外，只有在阴道检查时才被发现，病牛表现拱背，频频努责。滞留的胎衣经24~48小时发生腐败，腐败的胎衣碎片随恶露排出，腐败分解产物经子宫吸收后可发生全身中毒症状，即食欲及反刍减退或停止，体温升高，奶量剧减，瘤胃弛缓。

（2）部分胎衣不下　是指大部分胎衣悬垂于阴门外，有小部分粘连在子宫母体胎盘上，或仅有孕角顶端极小部分粘连在子宫母体胎盘上。露垂于阴门外的胎衣初为浅灰红色，此后由于污染而开始腐败，变为松软带有不洁的浅灰色，并很快蔓延到子宫内的胎衣，引起阴道内流出恶臭的褐色分泌物。

部分胎衣不下的病例，可并发子宫内膜炎或败血症。

【诊断要点】

（1）部分胎衣脱出于阴门外。

（2）病畜拱腰、频频努责，从阴门排出带有胎衣碎片的恶露。

【防控方法】

（1）预防　加强饲养管理，增加怀孕后期的运动和光照，给予富含蛋白质、矿物质、维生素的饲料，增强家畜体质。要定期进行布鲁氏菌病、结核病的检疫，搞好预防注射以减少该病的发生。

（2）治疗　胎衣不下须及时治疗。治疗的方法大致有两种，一种是药物治疗，另一种是手术剥离治疗。一般来说早期手术剥离较为安全可靠。

①药物疗法　其目的在于促进子宫收缩，使胎儿的胎盘与母体胎盘分离，促使胎衣排出。

a. 产后24小时内可肌内注射垂体后叶素50~80IU，2小时后重复注射一次；或用麦角新碱2~5毫克或催产素50~100IU、10%氯化钠溶液250~300毫升、20%安钠咖10~12毫升静脉注射，1次/天。

b. 肌内注射新斯的明30~37毫克/次，重复注射用量为20毫克/次。

c. 25%葡萄糖溶液和10%葡萄糖酸钙溶液各500毫升，产后即可静脉注射。

d. 给牛灌服羊水300毫升也可促进子宫收缩，灌服后经4~6小时牛的胎衣即可排出，否则重复灌服一次。

e. 为了促使胎儿胎盘与母体胎盘分离，可向子宫黏膜与胎膜之间注入10%氯化钠溶液1500~2000毫升，胰蛋白酶5~10克，氯已定2~3克。

f. 为预防胎盘腐败及感染，及早用消毒药液如0.1%依沙吖啶或0.1%高锰酸钾冲洗子宫，每日冲洗1~2次直至胎盘碎片完全排出。再向子宫内注入抗生素类药物，以防子宫内感染。

g. 中草药：益母草500克、车前子200克，白酒100毫升，灌服。

②手术剥离

a. 术前准备：病畜取前高后低站立固定，尾巴缠尾绷带拉向一侧，用0.1%新洁尔灭溶液洗涤外阴部及露在外面的胎膜。向子宫内注入5%~10%的氯化钠溶液2000~3000毫升，如果努责剧烈可行腰荐间隙硬膜外腔麻醉。术者按常规准备，戴长臂手套并涂灭菌润滑剂。

b. 操作方法：用药物后48~72小时，胎衣仍未排出时，则应手术剥离。根据牛的胎盘构造特点，先用左手握住外露的胎衣并轻轻向外拧紧，

右手沿胎膜表面伸入子宫内，探查胎衣与子宫壁结合的状态，而后由近及远逐渐螺旋前进，分离母子胎盘。剥离时用中指和食指夹住子叶基部，用拇指推压子叶顶部，将胎儿胎盘与母体胎盘分离开来。剥离子宫角尖端的胎盘比较困难，这时可轻拉胎衣，再将手伸向前方迅速抓住尚未脱离的胎盘，即可较顺利剥离。

在剥离时，切勿用力牵拉子叶，否则会将子叶拉断，造成子宫壁损伤，引起出血，会危及母畜生命安全。胎衣剥完之后，如胎衣发生腐败，可用0.1%高锰酸钾溶液或0.1%依沙吖啶溶液冲洗子宫。剥衣完毕后，可用0.1%高锰酸钾溶液冲洗并注入华神康普灵20~30毫升，以防子宫感染。必要时每天1次，连用3天。

（十五）乳房炎

乳房炎是由病原菌感染引起的乳腺炎症。以乳房肿大、疼痛、泌乳减少或停止和乳汁变性为特征。乳房炎是奶牛最常见的一种疾病，也是对奶牛生产危害性最大的一种疾病。

【病因】

（1）细菌感染　病原微生物通过乳头管侵入乳房而发生感染，是引起乳房炎的主要原因。引起乳房炎的病原微生物比较复杂，包括细菌、真菌、支原体、病毒等，可达80多种。在一般情况下，葡萄球菌、链球菌和大肠杆菌在临床型乳房炎中占70%以上，其次是化脓性棒状杆菌、绿脓杆菌、坏死杆菌、诺卡氏菌、克雷伯氏菌等。无症状的隐性乳房炎高于临床型乳房炎，其发病率约占整个牛群的50%。隐性乳房炎约90%是由链球菌和葡萄球菌引起的。

（2）饲养管理不当　如奶牛场环境卫生差，运动场潮湿泥泞，垫草不及时更换，挤乳前未清洗乳房或挤奶员手不干净以及其他污物污染乳头；挤乳技术不够熟练，突然更换挤奶员，造成乳头管黏膜损伤；不严

第四章 常见牛病的防治

格执行挤乳操作规程,挤乳时过度挤压乳头;挤奶机器不配套,洗乳房水更换不及时等。

（3）机械损伤　乳房遭受打击、冲捻、挤压、蹴踢等机械的作用,或幼畜咬伤乳头等,也是引起该病的因素。

（4）继发于某些疾病　如饲料中毒、胃肠疾病、生殖器官的炎症及子宫疾病时毒素的吸收。

【发病机理】乳房炎的发病包括侵入、感染和发炎3个阶段。

各种不良的致病因素促使细菌微生物经乳头口侵入乳头管。由于受奶牛体质、细菌的数量和毒力、乳头内抗菌物质等影响,病原微生物呈现出不同的致病作用,奶牛表现出不同的症候。轻度的炎症,受害乳区的血管损伤较轻,血液成分渗出较少,仅见乳中白细胞不同程度的增加,而临床症状不明显,此时,呈隐性感染,即称隐性乳房炎。

图4-12　患乳房炎的牛

随着机体抵抗力的降低,病原微生物在乳房内继续生长、繁殖,或细菌继续侵入而发生重复感染,细菌数量增多,毒力增强,乳房组织对

细菌敏感性增高,则引起乳房组织炎症过程的加剧,血管渗透性增高,血管内大量的有形成分进入腺泡内,致使乳房明显肿胀,乳汁变性;当腺泡破坏严重时,泌乳停止,临床上可见明显症状,即称临床型乳房炎。除了乳房变化外,当细菌毒素及其分解产物吸收入血,对全身呈现毒性作用,则奶牛全身反应明显,表现出体温升高,食欲废绝。

轻微炎症缓解后,受损伤的乳区奶产量将逐渐恢复;中度感染,受损伤的乳区恢复时间较长;严重损伤者,损伤的腺泡将形成瘢痕组织,以致发生纤维化、萎缩,泌乳能力消失。

【临床症状】根据临床表现可分为临床型乳房炎和隐性乳房炎。

(1)临床型乳房炎 为乳房间质、实质或间质实质组织的炎症。其特征是乳汁变性、乳房组织不同程度地呈现肿胀、温热和疼痛。根据病程长短和病情严重程度不同,可分为最急性、急性、亚急性和慢性乳房炎。

①最急性乳房炎:发病突然,发展迅速,多发生于1个乳区,患乳区乳房明显肿大,坚硬如石,皮肤发紫,龟裂,疼痛明显,健乳区奶产量剧减,患乳区仅能挤出1~2把黄水或淡的血水。全身症状显著,食欲废绝,体温升高至41.5~42℃,呈稽留热型,心跳增速达110~130次/分钟,呼吸增数,精神沉郁,粪便黑干,肌肉软弱无力,不愿走动,喜卧,迅速消瘦。

②急性乳房炎:病情较最急性缓和,发病后,乳房肿大,皮肤发红,疼痛明显,质度硬,乳房内可摸到硬块,有避躲和踢人的表现,全身症状较轻,精神尚好,体温正常或稍升高,食欲减退,奶量下降为正常时的1/3~1/2,有的仅有几把奶,乳汁呈灰白色,内混有大小不等的奶块、絮状物。

③亚急性乳房炎:发病缓和,患乳区红、肿、热、痛不明显;食欲、体温、脉搏等全身反应均正常;乳汁稍稀薄,呈灰白色,常于最初几乳

内含絮状物或乳凝块。乳汁体细胞数增加，pH 值偏高，氯化钠含量增加。

④慢性乳房炎：由急性转变而来，病反复发生，病程长，发作又转入正常。乳产量下降，药物反应差，疗效低。头几把乳汁有块状物，以后又无，肉眼观察正常；重者乳异常，放置后见能分出乳清或内含脓汁；乳房有大小不等的硬结。由于反复经乳头管内注射药物，乳头管呈一条绳索样的便条，挤乳困难。乳头变小，乳区下部有硬区。

（2）隐性乳房炎　又称亚临床型乳房炎。为无临床症状表现的一种乳房炎。其特征是乳房和乳汁无肉眼可见的异常变化，然而乳汁在理化性质、细菌学上已发生变化。具体表现 pH 值 7 以上，呈偏碱性；氯化钠含量在 0.14% 以上，细胞数在 50 万个/毫升以上，细菌数和导电值增高。

【诊断要点】

（1）临床型乳房炎　以乳房红、肿、热、痛，泌乳减少及乳汁的性状异常即可确诊。

（2）隐性乳房炎　根据乳汁在理化性质、细菌学上发生的变化可确诊。

【防控方法】

（1）预防

①严格执行消毒措施，以防止细菌感染。

a. 挤奶前用 50~60℃ 的温水清洗乳房及乳头，或用 1：4000 的漂白粉液、0.1% 的新洁而灭、0.1% 高锰酸钾液洗乳房。

b. 用 3% 次氯酸钠液、0.3% 的氯已定或 70% 的酒精浸泡乳头。

c. 挤奶机在每次挤完奶后应彻底消毒，夏天每天要用 1% 的碱水清刷 1 次，内胎可在 85℃ 热水中浸泡。

d. 患牛的奶应集中处理，不可乱倒。

②严格执行挤奶操作制度。

a. 手工挤奶应采取掌握式，乳头过短时可用滑下法，挤奶时应按慢一快—慢的原则。

b. 用机器挤奶时，应在洗好乳房后及时装上乳杯，以防空挤。真空泵度以 47~50 千帕，频率在 60~80 次／分钟为宜。

③加强对干奶期的防治：停奶时，应向乳头内注射青霉素，每个乳区用 20 万~40 万 IU，或用氨苄西林 40 万 IU、链霉素 40 万 IU 和植物油 20 毫升，作混悬液注入。

④及时治疗、淘汰病牛。

（2）治疗　临床型乳房炎的治疗如下。

①治疗要求：对乳房炎的治疗应越早越好，过晚治疗效果不佳。加强管理，病牛应置于清洁、温暖、安静、干燥的环境中，减轻乳房负担。如是继发病，则应对原发病进行治疗。

②治疗原则：消灭病原微生物抑制和控制炎症过程，改善奶牛全身状况，防止败血症。

③治疗具体方法

a. 乳房内注入药物　这是治疗乳房炎常用、简便、有效的方法。为保证药效，在进行乳房注射时，应注意：Ⅰ.乳导管、乳头、术者手均要严格消毒；Ⅱ.乳房内的乳汁、残留物应挤净，如有脓汁不易挤出时，可先用 2%~3% 的苏打水使其"水"化，再挤出；Ⅲ.抗生素的使用宜选用经药敏试

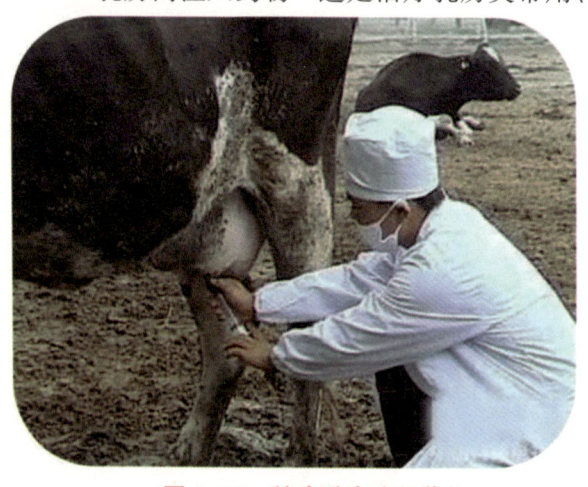

图 4-13　给牛乳房注入药物

第四章 常见牛病的防治

验后的有效药物,在不能做药敏试验的牛场要随时注意药物的疗效,要注意耐药性,效果不好者,应适时更换;Ⅳ.每挤完一次乳后立即注射药物一次,注药后,可轻轻捏一下乳头,防止漏出。

b. 肌内或静脉注射抗生素　主要用于全身症状明显或急性乳房炎的病牛。临床上常用的是青霉素 350 万 IU 或阿莫西林 200 万~300 万 IU,链霉素 4 克,一次肌内注射,每日两次。四环素按每日每千克体重 5~10 毫克,分两次静脉注射,严重者可加至 2~3 倍量,效果更好。

c. 静脉注射普鲁卡因液　用 0.25%~0.5% 的普鲁卡因液 400~500 毫升,一次静脉注射,可减少全身对疼痛的敏感性,缓解病区疼痛,加速病区的新陈代谢,这称为血管感受器封闭疗法。除此,也可用青霉素、链霉素各 100 万~300 万 IU,加 3% 普鲁卡因 10~20 毫升、生理盐水 40~60 毫升,进行会阴静脉和外阴动脉注射,效果较好。

d. 封闭疗法　常用的有乳房基底封闭、会阴神经封闭、腰椎乳房神经封闭。

Ⅰ.乳房基底封闭　前叶发炎时,在乳房前腹壁与乳房基部之间,将针头向对侧膝关节方向刺入 8~10 毫米,注入药液,后叶发炎时,术者位于牛的后方,在左右乳房中线离开 2 厘米乳房基部后缘,针头向对侧腕关节方向刺入,注入普鲁卡因溶液 150~200 毫升。

Ⅱ.会阴神经封闭　在坐骨切迹处,针头刺入 1.52 厘米,注入 3% 普鲁卡因溶液 20 毫升。

Ⅲ.腰椎乳房神经封闭　在 3~4 腰椎横突处与母体纵轴呈水平垂直做一直线,在背最长肌距中线 6~7 厘米处与母体纵轴做平行线,两线交点处,针向下刺入 5~10 厘米注药。

e. 中药疗法

Ⅰ.常用的中成药

乳炎消炎剂:乳房注射将此药加热至体温,每日 2 次,每次为一疗程。

用药前须将患病乳区内的奶全部挤出。

消炎膏：外用，每日早晚各一次，80~100 克/次，须用手擦遍患病乳区，按摩 1~2 分钟，让药充分吸收；3 次为一疗程。

乳房外用消肿散：用熬开的猪油 100~150 克将一袋药（50 克）搅拌均匀待凉后，放入 3 个鸡蛋清，搅匀后涂于肿胀部，每天 4~5 次。注意，皮肤局部有外伤者禁用。

Ⅱ．中药疗法

方一：当归、蒲公英、紫花地丁、连翘、大黄、鱼腥草、荆芥、川芎、薄荷、大盐、红花、苍术、通草、木通、甘草、大茴香各 50 克，加水，每次加醋 1000 克，煎汤至 800 毫升，局部温敷。一剂煎 6 次，每次 30~40 分钟。

方二：金银花 80 克、蒲公英 90 克、连翘 60 克、紫花地丁 80 克、陈皮 40 克、青皮 40 克、生甘草 30 克，加白酒适量，水煎去渣，取汁内服，每天一剂。重病牛每天服两剂。

f. 对症疗法　根据病情，可注射 10%~25% 葡萄糖液 500~1000 毫升，5% 碳酸氢钠液 500~1000 毫升，10%~20% 葡萄糖酸钙 500~1000 毫升。

隐性乳房炎的控制：目前，国内外对隐性乳房炎都不用抗生素治疗，而是提倡综合预防，降低其阳性率。在加强管理、重视环境卫生和挤奶卫生的情况下隐性乳房炎尚有自行痊愈的可能。此外，可采取一些提高机体防御能力的措施，以控制其阳性率增加。